穿對了！每個女孩都是限量版

Girl Limited Edition

珍珠＆玫瑰 ◎著

原書名：當珍珠遇上玫瑰—50種美麗搭配大法

前言

有人說，要知道一個城市的繁華程度，就看女人的裝扮；看一個城市的時尚程度，也要看女人的裝扮。於是，巴黎就被冠上了世界上最時尚城市的頭銜，因為在一個頂級品牌叢生的國度，時尚、前衛之風最先浸染的就是巴黎的女人們。她們隨隨便便的一件小披肩很有可能成為各國品牌爭相效仿，時尚雜誌新款力推不二的潮流符號。

女人比女人，氣不死，反重生。女人天生的嫉妒心理，不允許自己比別人落後，身處一個時尚的城市，這樣的心理更加濃郁，她們總想著怎麼樣變得比別人更漂亮、更自信、更有氣質，看起來更有內涵。服裝造型的魅力在於能滿足她們所有的虛榮。關注時尚雜誌，效仿時下明星潮人，自拍下各種服飾妝容在自己身上的效果，不自覺間已成了時尚的潮流。光鮮閃耀地走在大街上，引人注目，那感覺真好。

不過，時尚就是一盤西式速食，眼光要準，消化要快，今天的美味一定不能拿到明天去享用。這樣的速度，即便是頻頻活躍在購物街第一線，不斷血拼掃貨的時尚達人也難免招架不住。一、兩次的穿著失誤，就能將達人們蓬勃的自信打入十八層地獄。沒見那娛樂新聞總是拿明星的失敗裝扮和撞衫、撞包說事嘛！這對行走在時尚第一線的女人們來說，無疑是拿著匕首往心口上捅。

其實，寧可平實選對的，也不能盲目追逐潮流選錯的。如果妳天生對時尚沒有獵犬般靈敏嗅覺，也不從事與時尚打持久戰的工作，更不是娛樂圈的焦

Chapter 0

點人物，最好不要失控般掃射櫥窗裡絢爛多姿、一週一清貨的服裝弄到自己彈盡糧絕；也不要盲目效仿雜誌、時尚達人、明星焦點人物，把自己裝扮成四不像，妳得靜下心來想想妳到底是一個有著怎樣個性的人，妳的風格接近婉約還是狂放，妳的口袋裡有多少錢，還有妳的裝扮為哪種場合做準備。想清楚這些問題後，妳就可以對著鏡子像完成一件藝術品一樣，為自己帶來煥彩新顏了。

大多數人都不是天生千嬌百媚，也不是生來就是一塊不用雕琢的美玉，當然，更不是一出生就醜得無可救藥。其實，每個人都是一塊璞玉，需要後天的雕琢和打磨，於是衣服、首飾、各種時尚配件，就成了點亮人隱蔽美的最佳因素。只要搭配得當，穿戴適中，都能將一個原本相貌平平的人，整形般來一次大變身，讓更多的關注目光投注到其身上。

「美麗不是時尚達人們的專有名詞，也不是天生麗質的人才擁有的特殊榮譽。選擇合適的衣裝，畫上素雅的妝容，配上漂亮的首飾，人人都能成為他人眼裡的白雪公主。」這是時尚造型師珍珠小姐和玫瑰小姐告訴諸位美眉的至誠話語。

為同一形象設計工作室服務的珍珠小姐和玫瑰小姐，都是時尚界公認的潮人，她們都具神來之手，任何平凡普通的人讓她們一擺弄，都能成為令人傾倒的美女。不過，兩位元老造型師對於如何打造美女有著不同的見解，打造同一模特兒的手法也有著天壤之別，真可謂自成一派，獨樹一幟。不過，她們的造

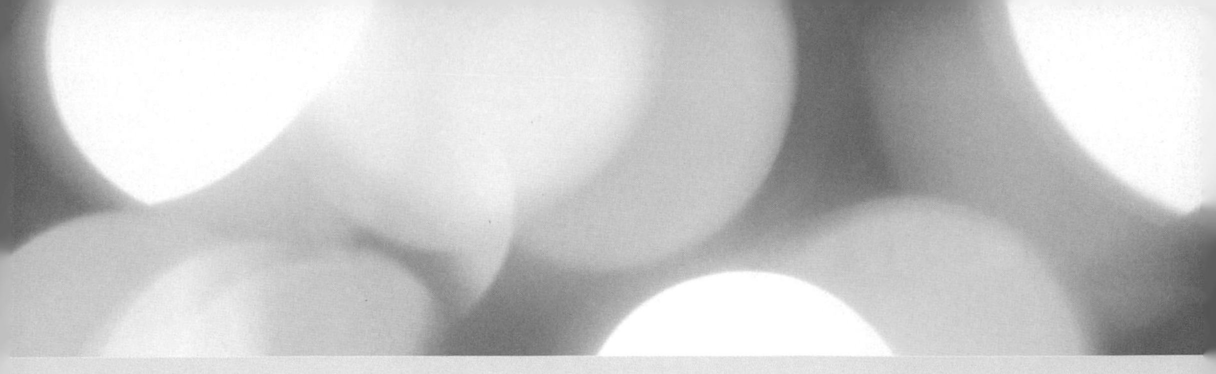

型在得到外界認可的同時，卻總能被挑剔的評論家找出破綻。自認為完美的作品被人挑出毛病，這對清高的兩人來說確實是不小的打擊。於是，再次造型時她們更加小心翼翼，精琢細研。只是破綻依舊無法迴避。

一次偶然的機會，玫瑰完成了珍珠裝扮到一半的模特兒造型，那一次，評論家的點評卻是：「神來之筆，鬼斧神刀！」

其實，珍珠跟玫瑰獨自盛放，都顯得過於單調平凡，如果將玫瑰和珍珠放到一起，用火焰的紅襯托珠光的白，那感覺是不是更美妙？其實，裝扮的最高境界就是將一件普通的衣服，一條平凡的裙子，一雙素色的鞋子，配上一朵點睛的胸花，一條絕配的腰帶，一條精緻的腳鍊，穿出完全不同的感覺。

看見了吧！要變美就這麼簡單！

下面，我們就跟隨珍珠和玫瑰來一段與美親密接觸的仙履奇緣吧！當讀完這本書，希望帶給妳的是整容一般的驚人美麗。

美麗情報

美麗發生地：某造型工作室

高級造型師：珍珠小姐，26歲

玫瑰小姐：28歲

美麗事件：

兩位造型師都是圈內數一數二的明星級人物，在各自拿手的領域，她們獨領風騷數年。諸多大牌明星都曾在她們手中光榮綻放，也有一些平凡美女被她們打造得不平凡。不過各自為政，各樹旗幟的同時，她們也會友好地合作一把，沒想到這樣的合作帶來的竟然是讓人咋舌叫絕的效果。於是，相關美麗的一些故事就那樣發生了。

Contents

Chapter 3 「頸」雕細琢

Chapter 4 「胸」花怒放

Chapter 5 手腳並用，「臂」不可少

Chapter 6 深得「腰」領

Chapter 7
「衣」呼百應

Chapter 1

Chapter 8 「褲」味十足

Chapter 9 足下生輝

從頭做起

Sunny剛從香港中環掃貨回來，手裡拎著LV的新款珠光紫漆皮手提包，穿著Dior的駝色底白點、腰間有五條白色細腰帶裝飾的大V領細肩裙，Prada的銀灰色細高跟綁帶涼鞋，手腕上是OMEGA星座系列鑲鑽金日曆石英腕錶。從她進入工作室的那一刻開始，Chanel五號的香味就在空氣裡輕輕縈繞。玫瑰正在為Alina做造型，看到一身名牌進來的Sunny卻皺了皺眉。這可不是因為她跟名牌過不去，實際上，Sunny頸上的復古項鍊，長長的白金耳墜，以及凌亂髮髻上那太過妖豔的髮簪，搶奪了衣服、鞋子原本的高貴，讓她看起來就像剛剛混進演藝圈，使勁想用惡俗的穿戴昭告他人自己是明星的小女生。

珍珠是Sunny的造型師，她們先前已有預約。十一點鐘Sunny和Alina要去參加某知名品牌創店五十週年的剪綵活動。現在距離剪綵還有一小時。

玫瑰搞不懂，像Sunny這樣大牌的藝人，混跡演藝圈已有十數載，可是她的著裝打扮卻屢屢出現問題，娛樂新聞總是拿她像應召女郎、村姑等的失敗造型說事。她還曾一度被評為最失敗穿衣女星，且蟬聯四屆冠軍。兩年前，珍珠成了她的新造型師，此後，她的衣著負面新聞才算少了些，不過，現在穿衣品味提升了，但配飾又出了問題。看來，珍珠還得隨時跟在她後面才行。

Sunny跟Alina關係不錯，一見面兩人就開始滔滔不絕地聊名牌。玫瑰知道，演藝圈與時尚圈越劃越近，為名譽而戰是所有藝人心照不宣的祕密。所以，她倒是很能理解兩位明星對這話題的熱衷。

Chapter 1

珍珠摘去了Sunny那有些誇張的復古項鍊、流蘇白金耳環和彩色髮簪，拿著大梳子梳理著Sunny剛剛洗過的長髮，配著她的方臉，珍珠將她的頭髮從中間分開，用髮膠和慕絲將兩鬢的頭髮弄蓬鬆，然後在腦後挽了一個鬆鬆垮垮的髻。隨後，珍珠從其助理帶來的首飾盒中，拿出一款跟涼鞋顏色接近的水晶耳環，這副耳環的奇妙之處在於塞子是由兩條長長的劍形白金片組成，這一款式可以讓她的臉型看起來尖一些。項鍊選了一款配有劍形吊墜的白金鍊子，跟耳環交相呼應。相較剛進門時的Sunny，眼前的她光彩照人，高貴典雅，連Alina都不免為她豎起大拇指。

「這髮型不錯，改天配我那件黑色小禮服試試看！」Alina說道。

「我想這個髮型不太適合妳。」玫瑰馬上回答。

「為什麼？很好看、很有氣質不是嗎？」Alina不太理解，聽玫瑰那麼說，感覺自己沒Sunny有氣質一樣。

「妳是典型的瓜子臉，整張臉很小巧，這款髮型會讓妳的臉看起來更小，整個人的靈秀就會被頭髮所遮擋。如果要配黑色小禮服的話，頭髮應梳成一絲不苟的馬尾，配上一雙黑色的手套，讓妳看起來成熟而冷靜。耳環、口紅、高跟涼鞋都要選擇紅色的，增加一絲神祕的誘惑。」玫瑰快速地建議道。

「不會像是夜店裡跳鋼管舞的吧？」Sunny插嘴道。

「或許這是女特務裝扮！」Alina覺得這應該是戲裡的造型。

「其實，視衣服而定，妳今天的這身衣服，就適合玫瑰現在幫妳設計的這款髮型。輕鬆的斜馬尾、捲曲的大捲、斜瀏海，都是配合妳的碎花小衫和白色七分褲打造的。珍珠耳環和珍珠項鍊都能體現妳的娟秀氣質。」儘管珍珠知道，玫瑰設計的並不是自己喜歡的型，但為了幫同事解圍，珍珠只能按玫瑰的思路這樣說道。

「妳今天的樣子的確看起來相當青春亮麗！」Sunny這麼讚嘆了一句。兩人最後心滿意足地離去了。

「造型學問博大精深，怎能在一、兩個造型上全部體現？其實任何漂亮的造型都能行走在光天化日之下，即便有些人認為那是戲劇造型。」玫瑰見兩人離去，馬上抱怨道。

「穿著打扮本就是一門高深的學問，連我們有時都會犯錯，更何況是她們？下午還有好幾個人要來做造型，打起精神吧！」珍珠將一瓶礦泉水遞給玫瑰，對其說道。

「倒三角、鵝蛋臉、圓臉、菱形臉，哇，還有大餅臉。這些人的臉型還真沒一個是相同的。」玫瑰翻看預約紀錄，驚呼道。

「看來，今天所有的精力都要花在髮型上了！」

「碰到有著稀鬆頭髮又有一張大餅臉的美眉，那可真不好玩。」玫瑰搖頭道。

「別擔心，交給我，我有四招式！」珍珠自信滿滿。

「以前見識過吧？」玫瑰有點疑惑。

「聽我道來——」

01 擺脫大餅臉，小臉髮型全攻略

變前要點：大餅臉千萬不能盤髮，那是自我糟蹋。短髮和長髮都能打造出小臉美人，共通點是，大餅臉美眉一定要留瀏海！

Part 1 內捲、外捲營造蓬鬆感

無論長髮、中髮、短髮，一律拿大梳子梳順，接著選擇一支直徑為五公分左右的電捲棒，將兩邊的頭髮向內捲，捲曲度要適中，不能太誇張，稍稍捲曲即可；然後抓起臉頰部位的頭髮，用電捲棒有層次地進行外捲，力度不要太大。結束！此時內捲的頭髮營造的蓬鬆感擋住了肉肉的臉頰，視覺上縮小了臉形，而臉頰部位外捲的頭髮只會將挑剔的眼光引到頭髮上。

Part 2 有序內捲減臉一圈

中偏長頭髮的美女，可以選擇雙層內捲的髮型將臉形修小。首先，將妳從髮根到髮尾的頭髮分成相等的兩節，接著用一支直徑為三公分的電捲棒，將中間至髮尾的頭髮進行一到二次的捲曲，力度不要太大，

製造出層次感即可；然後，順著瀏海，左右兩邊留出兩撮齊下巴長的頭髮，將兩撮頭髮的髮尾向著下巴方向輕輕內捲，看起來這兩搓頭髮就是順著尖尖的下巴生長的一樣。這樣的髮型對圓臉或臉較短的美女來說，無疑是創造了尖臉奇蹟，因為兩頰留出的頭髮內捲可以使臉型稍微變小，讓下巴看起來很尖。

Part 3 BOB頭打造迷人小臉

如果妳偏愛BOB頭，但又擔心這樣的髮型將圓臉修飾的更圓，那就用電捲棒來幫忙吧！由於BOB頭的形狀趨向於球形，整個小臉髮型的修飾就要以內捲為主。首先，用中型電捲棒將髮尾全部向內捲，用頭髮將圓圓的臉型遮擋一圈；其次，用小電捲棒對兩側頭髮的髮尾進行一次內捲，以此用頭髮修飾出一個尖尖的下巴。配上齊瀏海，遮住大大的額頭，此時此刻妳的臉一定小得讓妳驚訝。

Part 4

大氣的螺旋式內捲

螺旋式內捲髮型更適合有長捲髮的美眉。首先，將妳習慣性垂在胸兩側的頭髮對稱地擺於胸前，拿手或捲梳將頭髮打理成整齊的螺旋狀，然後將形成螺旋狀的頭髮順著臉型曲線內捲，使得兩側頭髮整齊有序地向臉部肌膚靠近，以此縮減臉龐比例的同時，打造削尖下巴！

玫瑰建議

①頭髮稀鬆臉又大的美眉，最好留長髮，且將頭髮燙成蓬鬆的捲髮為宜。別以為油光閃亮、服貼的直髮擋著腮幫就能顯得臉小，實質上這樣的髮型更能顯露臉型的不足。

②喜歡留短髮的大臉美眉，要多留瀏海，瀏海要凌亂，不能是整整齊齊的一字型。短髮最好剪出層次，用大號的捲髮棒燙出凌亂的捲，給人一種蓬鬆自然的感覺。

③頭髮稀疏、臉又大的美眉想盤髮，最好剪出凌亂的斜瀏海，盤髮要自然鬆散，最好不要將頭髮全盤完，應該留髮梢，配上規整的假髮捲垂到胸部，如此，挑剔者的注意力就會放在頭髮上，而不是臉上。

美麗延伸　髮絲養護大法

坐椅子時頭髮不能靠椅背；繫安全帶時，要先把頭髮撩起來；睡覺時，也要將頭髮撩起，不讓髮與枕直接接觸；洗頭前要對頭皮進行按摩，保證手指劃過每一寸肌膚；洗髮前還要用大梳子將打結的頭髮慢慢梳開，將掉髮減損到最小；頭髮最好少燙、少噴髮膠；出門時，一定要撐傘遮陽。

02 青絲愛美飾，為死板髮型突圍

玫瑰只聽了珍珠所謂四招式的四分之一，就站起來忙自己的事了。這是珍珠的打點祕笈，跟她想的不一樣。現在，她要考慮的是，如何將那些漂亮髮飾，以點亮髮絲的形式戴在女孩們頭上，同時又不出現Sunny那樣降低服裝格調的問題。

諸多美眉有事沒事都愛擺弄自己的頭髮，吹染燙剪，大把鈔票流失不說，對於頭髮的損傷更是在所難免。其實大可不必如此勞師動眾，只要選擇合適的髮飾，得到的美豔效果絕不亞於對頭髮的吹拉染燙。不過，髮飾很美麗，卻並非所有都適合戴在頭髮上，要戴出品味，還需精挑細選。

Part 1 俏麗髮箍

頭上時尚元素中，髮箍一直是個不老的流行神話，我們從小到大似乎一直都在跟髮箍打交道。小時候，選擇一款不誇張但色彩一定明麗的髮箍，完全是媽媽們的主意，因為這樣不但可以妝點出小女孩的美，還能將凌亂的頭髮收歸到「緊箍咒」下，不給它們隨風舞動的機會。等我們開始追逐時尚腳步而行時，戴髮箍更大的目的似乎就是為了妝點頭髮，並讓整個人漂亮起來。當然，打扮這種事，妙在越打扮越像自己，最怕一個「裝」字。

潮人IN選

女孩子漂亮總是佔便宜，哪怕五官不出眾，獨獨臉龐好看，亦已可以盡情選擇各式各樣的潮品。若頭髮燙成了亞麻色或挑染的黃色，看起來很蓬鬆，則很適合琉璃材質的細髮箍。若膚白，可選擇玫紅色或大紅色的細髮箍，點亮頭髮，增加時尚感。佩戴時隨意地插在頭髮裡就好，若隱若現，精巧可愛。

既大氣又時尚的女孩，也可以選擇復古的長髮帶髮箍。灰色或軍綠色都是不錯的選擇，髮箍一定要寬，髮箍兩旁長長垂下的髮帶可以隨意繫在左耳根旁。髮箍的寬度配合了美女的大器，而復古的款式帶出一縷古典情懷。

大眾普選

如果妳的臉型既不是漂亮的鵝蛋臉，也不是狐媚的瓜子臉，那最好還是不要嘗試用髮箍將所有的髮絲一絲不苟地箍到腦後去。

額頭太窄的美女最好不要冒險去戴髮箍，如果髮箍紮緊度大，很可能將妳窄窄的額頭妝點得更窄，即便妳選擇了弧度較大的髮箍，它也會欺負妳小小的頭顱，常常企圖掉到妳的臉上去。

Part 2 異域髮帶

對自認為不漂亮、臉形又不太好的美女來說，髮帶絕對是明智之選。尤其那種看起來足夠誇張的髮帶更適合窄額頭的美女。當然，髮帶最好配對厚實的齊瀏海佩戴。

以容取飾

軟布式髮帶推薦給長捲髮或是不習慣長時間佩戴髮箍的美女使用。款式一定要選擇不挑臉形的，切記不要繫髮帶時還把頭髮高高束起來，鬆散的低馬尾或散落的長髮才符合佩戴原則。

選擇合適的角度戴好髮帶後，在耳際邊緣固定，臉形較長的美女可以把多餘的髮帶垂於胸際，製造出重點弧線；若臉型為方形或圓臉者，則將多餘部分隱身於耳下，甚至是後腦勺下方的綁結位置，然後將瀏海左右兩邊提前留出的兩縷長至下巴的頭髮，用電棒輕輕內捲，這樣有助於修飾臉部線條。

以衣取飾

根據臉形選好配飾還不夠，最終的成敗還在衣服上。如果妳穿了一件亮眼的黃色T恤，一條水洗布短褲，那麼紗織的民族刺繡髮帶才能透露出夏季清新女孩形象。

鬆緊式寬髮帶適合臉形好看的女孩，可以將所有瀏海都收歸到寬髮帶下，讓向後舒展的蓬鬆捲髮，營造出動感。衣服的顏色一定要與髮帶顏色接近，或者說完全一樣。如果衣服、髮帶不選同一色系，那麼明亮豔麗的髮帶就一定要跟黑色或灰色暗色調衣服搭配。

凌亂BOB髮型配搭髮帶時，選擇暗色調，或白底圓點的寬髮帶為宜。可以將髮帶在額頭至髮際部位固定好，然後將凌亂的頭髮三七分，左右兩邊蓋住髮帶。衣服一定要選擇具有龐克風格或民族味較濃的棉布細肩裙，或者白色長吊帶加棉布半截裙，穿上白球鞋獨具特色。

Part 3 簪花之道

如何將一朵頭花的魅力發揚到極致，看似一朵美麗的花，戴錯了簡直就是一場禍害。

隨形簪花

如果妳已一把年紀，或者長得比較抱歉的話，最好不要選擇別一朵花在頭上，那只會給妳「戴」來負面影響。花朵裝飾只是為那些臉形好、臉蛋豔的女孩準備的。留一頭中長髮，拿一朵淡粉或淡黃的「牡丹花」，別在耳朵上的髮絲上，再配上一身淑女味十足的裙子或跟花朵同色系的真絲束腰短裙，穿上高跟鞋，整體看起來會非常舒服。

長相大器、時尚或很酷的女孩，不適合佩戴花朵頭飾。長相秀氣的女孩，可以選擇花朵髮箍做裝飾，那種黑色細髮箍上放有三朵炫麗花朵的髮箍戴在秀氣女生的頭上，既能進一步增添她的秀氣，還能將人的臉龐襯托得非常漂亮。配上左肩有花朵做裝飾的T恤（髮箍花朵的顏色要跟衣服花朵的顏色接近喔），再配上牛仔褲，簡直美呆了。

對髮簪花

不管妳屬於哪種臉形、哪種氣質的人，非要戴一朵花不可的話，那還得視髮型選擇和佩戴。

第一招是將妳的斜瀏海梳順，然後將妳其餘的頭髮倒梳梳蓬，選擇頭頂到腦勺的一撮頭髮，擰一下，弄出蓬鬆的弧度用髮夾固定好（固定手法要巧妙，髮夾最好隱藏到頭髮裡）。抓起右耳根的一撮頭髮向左側方向擰捲，用黑色髮夾固定在第一撮頭髮周圍，再抓起左側的一搓頭髮連同固定部位的餘髮繼續往左側擰捲，並固定好。此時，妳腦袋上半部分的頭髮就有了基本的形狀，下半部分披散的頭髮可以全部弄到左側肩膀處，用大號的捲髮棒燙出大捲。髮型搞定，該花朵出場了。選擇一朵適合個人氣質的花朵，米白色最佳，插入擰向左側靠近左耳部位的頭髮。

第二招拿起耳朵兩旁至頭頂的一小束頭髮擰成條狀，做成一個圓圓的髮髻。然後將靠近瀏海的頭髮倒梳下來，此時妳的頭髮看起來可能顯得很凌亂，別急，現在把梳下來的頭髮又梳回去，並蓋住髮髻。拿一些小髮夾將梳上去的頭髮固定好，拿出一款合適的花朵，最好是那種既能當胸花又能當髮圈的，別在遮擋起來的圓髮髻上。花朵加長髮，淑女味十足。

第三招將長髮用大號捲髮棒燙出好看的捲，然後用一撮頭髮將所有頭髮固定在左耳一側（也可以是右耳側，視個人喜好而定），最好捆綁的地方是挨著脖頸的，然後選擇一款跟衣服或者鞋子顏色接近的花朵，那種有橡皮筋的花朵最好，也可以讓花朵穿在髮夾上，夾到捆綁的頭髮處即可。

Part 4 髮妝補遺

斜瀏海過於濃密，總是遮住眼睛的話，可以選擇一款別致的水果色小夾子別在瀏海上。既可以妝點頭髮，還可以防止瀏海擋眼。

高高盤起的髮髻要視年齡選擇髮簪，三十多歲可以選擇顏色較沉穩的木製髮簪，那種像筷子一樣的髮簪最合適；十幾二十多歲的女孩可以選擇彩鑽髮簪，也可以是小熊、五瓣花等形狀琉璃材質的髮簪。

直髮女孩無論是長髮、中髮，還是短髮都應給自己準備幾個髮夾。黃色的雙線條琉璃髮夾可以夾在太陽穴往上一點的頭髮上。亮片的長方形髮夾、布料材質的蝴蝶結髮夾等都是今季的流行。當然選擇前還是要視個人臉型和年齡而定。歲數較小，長相甜美的女孩就適合蝴蝶結、珍珠髮夾，以及顏色明麗的琉璃材質髮夾；成熟穩重的女性可以選擇亮片暗底的長方形髮夾。

珍珠建議

①圓臉的人，適宜較細的髮帶，抓起髮蠟，將頭頂的髮絲弄蓬鬆，把細髮帶往後戴，從視覺上妳的臉就會被拉長許多。
②臉比較大的人，適合各式髮帶，但需要留些瀏海在額頭，有助於避免臉部突出。
③臉長的人，把髮帶盡量裹到腦門，如此可以從視覺上縮小臉的長度。

④選擇比較炫目、亮麗的寬髮帶，如果還執意搭配誇張的飾物，對不起，妳很有可能成為Lady Gaga第二。

美麗延伸　稀鬆髮絲的後天改造

- 忌諱藥水燙髮。
- 不宜留長髮，應選擇中短髮。
- 拿中號捲髮棒從髮根將頭髮燙出捲，切記不要燙太久，燙好後用手抓成凌亂狀，有BOB頭的型。
- 要為頭髮補足營養，雞蛋、瘦肉、大豆、花生、核桃、黑芝麻中除含有大量的動物蛋白和植物蛋白外，還含有構成頭髮主要成分的胱氨酸及半胱氨酸，是養護髮的最佳食品。

03 花樣假髮，讓模樣不拘一格

玫瑰的客戶突然闖進來，疾呼要去參加一宴會，希望可以在十五分鐘內替她完成造型。這位氣質文人什麼都好，敗就敗在她那頭稀鬆細軟的頭髮上。如何讓知性的她在宴會上出類拔萃？玫瑰突然心生一計，畫了一知性味十足的妝容，換下她那條真絲長裙，從隔壁品牌店租了一套服裝，黑色的立領襯衫，白色小西裝，黑色高腰褲配上寬大的鑲鑽腰帶，然後選了一款規整的短假髮，一個改頭換面的人就出現在了工作室，其他等做造型的人直呼不可思議。

想想看，頭髮太稀鬆、不便修型又總留不長、顏色不襯膚色、髮梢開叉等等，問題如影隨形，燙髮不能達到期待的效果，染髮又有人說很容易患上皮膚癌。任其自生自滅，又無臉見人。髮型問題讓人情何以堪。

其實，妳大可不必為這個問題垂頭喪氣、愁眉不展，美麗專家們早就準備好了N款漂亮的假髮任由妳挑選。當然，並非每個人都可戴假髮，其實，臉形、膚色、場合都在決定妳該選什麼樣的假髮。

Part 1 看臉形選假髮

● 頭小，額頭窄且有抬頭紋的美女，可以選擇BOB頭髮型，蓬鬆的短髮，濃密的瀏海都會幫妳遮擋惱人的瑕疵。

● 圓臉美女可以選擇一些能遮蓋腮部的中長髮，中長髮的髮型最好是有層次的捲髮，接近腮部的頭髮一定是內捲的，有助於修長臉形。

● 搭配橢圓型臉，幾乎所有的假髮髮型都適合了，不過，最佳的假髮髮型是那種瀏海四六分或三七分、整體大波浪式的假髮，使流暢的線條襯托於下顎處，配上並不誇張的煙燻妝，整個人看起來就像芭比娃娃一樣，生動而夢幻。

● 四平八穩的方臉大概是女孩最痛恨的臉型，凸出的兩腮如同塞滿了食物一般。所以，想要用假髮修飾這類臉型，應盡量選擇一些中分、兩邊層次稍低，最好是從下巴以下才有層次的髮型，每個層次的髮梢都該內捲，這樣的髮型會使臉部柔和很多。

● 菱形臉的典型特點是，頭頂是尖的，對應的下巴也是尖的，太陽穴凹進去了，顴骨卻又凸了出來，這類臉型沒有厚實濃密的頭髮，無論如何是抵擋不住缺陷的，所以選擇頭頂部位蓬鬆、瀏海短而斜分的中長髮型比較適合。

● 長臉美女建議戴有濃密齊瀏海的假髮，瀏海長度最好能遮蓋眉毛到上眼皮處。死板的長直髮會讓臉更長，所以，最好選擇捲髮，而且是那種層次很高，髮梢內捲，中間頭髮外捲的假髮最合適。

Part 2

看膚色配假髮

假髮也有很多種顏色，如果只是配合臉型挑選，而不考慮顏色的話，也達不到美豔的效果。所以，看臉型、視膚色選假髮才是明智之舉。

自然膚色

如果妳的膚色是自然色，那恭喜了，因為妳現在的臉色看起來健康又有光澤，有很多種假髮顏色供妳選擇，比如酒紅色、棕紅色、深紫色、深咖啡色、黃色等。

偏白

為了達到「白」的效果，很多人選擇假髮時都會選擇黃色，偏白的美女以為黃色假髮會讓自己的臉看起來更白，錯了，這樣的選擇會讓膚色「天生麗質」的自己，引入到病態或者不健康的道路上。事實上，淺棕紅、淺咖啡色這類偏紅又很柔和的色系，會給臉色腮紅般的紅潤，看起來相

當有生氣。

偏黃

皮膚偏黃，就一定不能選擇黃色系的假髮，自然的黑色、淺咖啡色或者玉蘭紫等顏色較深的色系，都能讓偏黃的肌膚白皙很多。

偏黑

皮膚較黑，是不是就一定適合選擇黃色？未必，實際上選擇深橙色、自然黑等顏色的假髮，才會讓臉色亮起來。如果妳的皮膚黑色素沉澱嚴重，膚色黯淡無光澤，深橙色是最佳的選擇。

當然了，因為場合不同，妳所選擇的衣服款式、顏色也不同，所以假髮選擇時也要顧及到衣服。比如穿西裝小外套、襯衫時，最好能選擇一款精幹的短髮；穿長禮服時，可以選擇時尚的長捲髮；淑女的裙裝適合戴齊瀏海的長直髮等等，只要用心，選出合適的假髮都會令妳形象大變，魅力大增。

珍珠建議

戴假髮後，會使頭皮溫度升高，促使頭皮新陳代謝加快，並分泌出較多的油脂，有頭皮屑的人，會因戴假髮而使症狀嚴重。所以，佩戴假髮者最好每晚洗一次頭，清除頭上的油膩、污垢，以保護頭皮、頭髮的清潔和健康。

美麗延伸 假髮養護學問多

- 如果經常戴假髮，就要購買一個專門放置假髮的架子，以保證假髮不變形。
- 不要接近高溫，不可以染色，如果需要修剪可以請專業造型師修剪整理髮型。
- 一般是一至二個月左右洗一次，根據戴的頻率自己掌握。
- 清洗時用冷水或者溫水，一般的洗髮水和護髮素都可使用。
- 洗乾淨的假髮不要拿吹風機吹，避免陽光直射；只要用毛巾吸掉大部分水，然後自然晾乾，晾乾後再梳理即可。
- 假髮若打結，不要用力拉扯，應該噴上假髮專用的非油性保養液然後小心梳開。

04 髮隨「形」動，救場髮型一分鐘搞定

天哪，又晚起了，看看鏡中的自己，無精打采，睡眼惺忪，最糟糕的是那毛毛躁躁的頭髮怎麼看怎麼彆扭，洗頭髮弄服貼肯定是來不及了；用髮蠟、護髮素也許能解決一時之需，但無法持久有型，尤其到了下午，油膩膩的頭髮實在噁心。這個時候，能變個魔術讓自己擁有一個好髮型多好！還有，要去約會，寶石藍的真絲裙都選好了，就是髮型無法與衣服搭調，怎麼辦？下午跟客戶約好見面，出門前瞥了一眼鏡子，死板的髮型瞬間將自信減了一半，怎麼辦？哇，這個時候救場髮型真是至關重要，簡直是救人於水火之中啊！難道真有一分鐘搞定的救場髮型，看看珍珠怎麼說。

Part 1 直髮高矮美女的救場髮型

偶像劇中的女主角，留一頭長長的秀髮，讓矮個的她看起來就像個精靈公主；還有高個的美女，一頭秀美長髮，光看背影足夠吸引千軍萬馬。所以，視覺上來說，留長直髮的美女無論高矮都好看。實質上，造型師的觀點並非如此。

嬌小伊人

較矮的美女頭髮不宜留太長，從肩部到髮梢五公分為宜。而且肩寬的美女最好不要披散頭髮（大臉美女除外），所以一分鐘救場髮型就是將頭髮挽起。

美化措施：

將頭髮梳整齊，然後用雙手將頭髮從左右兩邊抓起，慢慢收攏回來。這樣做的目的是讓頭髮看起來比較凌亂，不是死板的整整齊齊。拿髮束將頭髮固定在後腦勺處，紮頭髮的最後一步很關鍵，從髮束裡抽出一部分頭髮，形成一個髮包，然後將髮包一圈散開固定好。沒有完全扯出來的髮梢可以垂直向下整理成扇狀。拿出一款小巧發亮的蝴蝶結髮夾，別在右側髮包處。看看鏡中的自己，是不是突然精神了很多？

高挑女郎

高個的美女雖然留長髮很好，但如果肩寬，披散的頭髮會讓肩部更寬。而且早上起來，妳整個人就像梅超風在世，換髮型勢在必行。

美化措施：

雙手大拇指從耳際處往裡劃，挑出一撮頭髮，然後將這搓頭髮編成鬆垮的髮辮，髮辮編到一定程度後，在結尾處用頭髮挽一個死結，死結處還有三公分的髮梢。將編好的髮辮圍繞起始部位繞成一個髻，用夾子固定好，拿出一款稍大的蝴蝶結髮夾，或者花朵髮夾別於髮髻偏右部位。現在從後看，上半部分是個性的髮髻，下半部分是直順的長髮，這樣的裝飾是不是比死板的長髮好了很多？

古典佳人

古典主義的風尚不時總要颳過一陣子，現代人總忍不住嚮往一下古典主義情懷，那麼，盤個髮髻，典雅雍容，清爽自然，實在亦為絕佳之選。

美化措施：

將頭髮梳順，然後左右齊齊分成兩股，握緊髮根，將兩股頭髮在腦後交叉。記住要稍微用力，這樣不容易鬆散。交叉到髮尾後用橡皮筋固定好，然後將頭頂部分頭髮抽鬆，看起來有一種蓬鬆的美感。接著把交叉好的髮辮一圈一圈繞到髮根，弄成一個髻，取一款別致的髮叉，輕輕插入髮髻中。然後將瀏海左右兩邊垂下來的幾搓頭髮用電棒捲一下，氣質OL形象就橫空出世了。

拉風頭大換血

因為額頭短窄，太陽穴內收，所以燙髮時美容師總建議我們將所有頭髮燙成速食麵，這種頭髮一抓鬆，蓬鬆感會抵擋額頭的缺陷。不過，惱人的是，時間久了，這滿頭的速食麵絲失控般爆炸開來，原本淑雅的都會佳人瞬間成了不修邊幅的邋遢女。尤其是早上，髮絲張牙舞爪，打理迫在眉睫，怎麼辦？

做法1：用大梳子將頭頂部位的頭髮倒梳，梳蓬鬆，當左耳際到右耳際的一圈頭髮足夠蓬鬆時，收攏到一起，稍微擰一下，將多餘髮梢塞進頭髮裡，用髮夾固定好，然後配上一朵有流蘇的布製花朵（重量要輕），或者灰絲絨上綴有亮片的蝴蝶結，別於髮包偏右部位。

做法２：將頭髮均分為二，紮兩個低低的辮子，將髮辮倒梳，變得蓬鬆凌亂，雙手心擠上護髮素，隨意抓幾下蓬鬆髮捲（此款髮型適合出去玩或逛街）。

齊瀏海大改造

齊瀏海通常都很好搭理，但是如果早上起來頭髮實在沒型，一定要換的話，可以這樣做。

做法１：將頭髮紮起來，將髮簪橫插入橡皮筋部位的頭髮內。將馬尾分成兩股，交叉纏繞在髮簪上，直至纏完為止，然後用夾子固定好。乾淨俐落的髮結配合整齊的瀏海，感覺超棒。

做法２：髮帶也是很好的救場隊員，選擇一款不誇張的寬髮帶，顏色接近灰色或咖啡色，將髮帶綁到腦後，梳整齊瀏海，將瀏海兩旁的幾縷頭髮用捲髮棒燙捲即可。

玫瑰建議

①有時間約上自己的姐妹淘，逛逛精美飾品店，買一些髮夾、髮箍、髮帶、橡皮筋、髮圈非常必要。

②隨身攜帶的包包裡要備有各種髮飾、首飾，以備遇到突發情況，進行緊急換裝。小瓶的髮膠也有必要備於包包中。

美麗延伸　好梳子梳出好髮質

- 木製梳子和牛角梳比較健康，是直髮或短髮購買者首選。
- 不過購買前，用梳齒在手背按平常梳頭力度刮一下，如果肌膚有刮破的疼痛感，不可選擇。
- 如果要梳理長捲髮，選擇梳齒間距較寬的大梳子。
- 梳具要堅固耐熱，柔軟有彈性。
- 不會產生靜電。
- 梳齒圓頭勝於尖頭，且不容易傷害頭髮；最好多備幾把髮梳，方便梳理不同的髮式。
- 常保持髮梳的清潔，清理前先弄掉纏在梳子上的頭髮，然後將梳子浸在溫肥皂水內輕搖數分鐘，污垢較多，可以選擇刷子清洗。揮走過量水分，將梳齒向下置於毛巾上自然風乾。
- 切記不要將木製梳子浸在水中較長時間。

05 戴對帽子，人若桃花髮如絲

玫瑰的顧客Johanna是有名的豪門貴婦，計畫要去紐約第五大道掃貨，臨行前找玫瑰要一些選帽子建議。Johanna個子不高，臉卻又寬又闊，她智慧的大頭顱跟小巧的身體也不成比例。所以，玫瑰建議她買一些窄帽沿的帽子，黑色窄邊、有頂尖的小禮帽是首選。

哎呀，看來帽子可不是完全意義上防曬禦寒的物品，既能防曬禦寒，又能戴出美麗，那才是王道。針對臉型、髮型、個頭、衣著，玩轉帽子戲法，讓自己更加美「帽」動人吧！

Part 1 美「帽」挑美髮

寬沿草帽

這類草帽帽沿又寬又大，加上裝飾帽子的花朵，既好看又時尚，當然還帶有一點甜美的田園風格。所以搭配

這類帽子的一定是兩根隨意紮起的辮子。無論是長相甜美還是大器的女孩，都會因正確的髮型配上正確的帽子，而產生一種討喜的親切甜美感。更關鍵的是，這類帽子的防曬指數為百分百喔！

棒球帽

如果妳有一頭螺旋大捲長髮，那就配一頂棒球帽吧！棒球帽的動感可以褪去太柔媚的女人味，讓妳變得更活潑。不管妳是直髮還是捲髮，只要平時喜歡將頭髮高高束起，棒球帽也是不錯的選擇，鬆散慵懶的束髮總能流露出一點小女人的性感。

超大寬沿太陽帽

超大寬沿太陽帽質地柔軟，嬌柔嫵媚，淺吟低唱著一股說不出的女人味。如果將這樣的帽子戴在有著一頭垂直長髮的美女頭上，散發出的盡是純美乾淨的味道。

藤編漁夫帽

每一季總有一款不同色澤的藤編漁夫帽悄悄在時尚界綻放，所以千萬別以為它會過時。如果妳有著髮尾微捲的空氣感長髮，就應該選擇這類款式的帽子。此外，短髮女孩也適合佩戴，不過戴帽子前，應該將自己的短髮紮一個小辮子。

鴨舌帽

這似乎是上世紀四、五〇年代最具含金量的潮流符號，現今依舊在時尚界肆意橫行，它的魔力在於，總是平易近人地提高任何一個女人的氣質。所以，如果妳總覺得自己土，不妨選擇一款新季流行的鴨舌帽。微微內扣的中長髮，精緻復古還帶著一點酷味，最適合配鴨舌帽了。此外，可愛模樣的妳，總是留著齊瀏海，喜歡梳著俏麗的小麻花辮的話，鴨舌帽會將妳妝點得酷味十足。

復古小禮帽

如果妳總喜歡將自己的頭髮盤成微微鬆散的髮髻，又想戴一頂合適的帽子的話，英倫風情復古小禮帽不僅能滿足妳的願望，還能妝點妳的美貌。

小草帽

舒服自然的小草帽，是夏日出行的首選。喜歡將頭髮顏色挑染成不同顏色的女孩，可以佩戴這類帽子風光出門。

Part 2 美「帽」映美貌

一頂帽子不僅能遮蓋臉型的瑕疵，還能將原本好看的臉型秀潤的更加漂亮迷人。

瓜子臉

要推薦帽子給瓜子臉美女，一定是扁扁的鴨舌帽，鴨舌帽的帽沿讓會削瘦的臉型看起來更好看。如果妳覺得自己的臉太過尖銳或消瘦，可以將鴨舌帽端正地戴在頭上，使臉看起來較豐滿。臉龐非常瘦削的人，應選擇這種佩戴方式，橫向的角度會使妳的臉和下巴顯得較寬。此外，柔和線條的寬簷帽可緩和臉部尖銳的輪廓，增加圓潤感，有效修飾不足，柔和的粉色、米色可將臉部肌膚襯托的更加有光澤。

長臉

有帽沿的棒球帽總是讓人無法看清戴帽者的眼眸和額頭，無論是額頭多寬多長的人，都能被帽沿遮擋，錯視效果和遮擋效果會有效減緩長臉的突兀感，進而修飾臉部輪廓。此外，看起來圓潤的帽頂在視覺上縮短長臉型，緩和臉部的縱長線條，顯得臉部圓潤精緻，解除長臉美女的煩惱。

方臉

線條流暢圓潤的圓頂帽增加臉部的圓潤度，配上向內扣的中長髮型，改善臉部硬朗的輪廓和線條，讓臉部輪廓更加柔和。此外，旁邊有兩個耳朵的毛線球帽子，加上向腮部內捲的中長髮，可以有效地遮擋凸出的下頜骨。

圓臉

帽沿外翻、質地硬挺的闊簷帽，戴在一個臉部過於圓潤的美女頭上，硬朗的線條，能有效消除臉部過於圓潤的感覺，並起到視覺拉長臉部線條的作用。

Part 3 美「帽」小敲門

- 帽沿的顏色需要與妳的膚色相搭配，黃色皮膚就一定不能選擇有黃色帽沿的帽子。
- 帽子的材質一定不能與衣服相同，比如穿一件皮衣，千萬別為了跟衣服搭調而選擇皮質的帽子，這只會造成時尚的災難，因為好東西搭配在一起未必就是一套完美的裝扮。皮衣搭配一款針織小圓帽或一款可愛的報童帽，效果將更佳。
- 在參加一場晚宴或者頒獎典禮之類的活動時，千萬別為了凸顯個性，戴一頂棒球帽或機車帽出現，它會讓妳的穿著看起來很鬆懈隨意，容易氣質盡失。
- 選擇了一頂男性味十足的軟呢毛帽後，並不意味著妳需要放棄豔妝和那些奪目的珠寶首飾。實際上，用女性味十足的裝扮來搭配一頂男性氣質的帽子，會讓妳更加性感。

珍珠建議

①如果妳的頭部相對妳的身體較大，就不要選擇大的帽子，一頂纏得很小的頭巾式帽子可使妳的頭部和身體的大小比例平衡很多。
②矮小玲瓏的美女應選擇中等大小有帽沿和帽頂的硬質帽。帽頂微聳的帽子會增加妳的高度。
③別以為高筒帽會讓人顯得更高，實質上它會改變身體協調度，使矮個的妳看起來更矮。
④為防止帽子太鬆滑落而鬧出笑話，可以將綢帶縫在帽子的內圈並在綢帶內加一些襯墊。
⑤通常，將短髮平滑地梳在腦後或將長髮盤一個簡單的髻，更能襯托帽子的時髦與雅致。

美麗延伸

頭巾的N種至潮戴法

● 拿一塊方巾，對角折疊，將妳的頭髮五五分，然後讓絲巾整個裹住妳的額頭，對角在腦後捆綁即可。緊貼臉頰的長髮一定要將整雙耳朵蓋住。

● 梳一條斜馬尾，將棉質頭巾側綁在耳後，用絲巾來勾勒臉部輪廓和修飾頭髮的蓬鬆度。如果馬尾是捲曲的大捲，這樣的搭配會讓妳動感十足。

● 把頭巾折成寬寬的髮帶，置於瀏海與腦後長髮的分界處，在脖頸處固定住，把頭髮拉出來就可以了，瀏海可以隨意調整，髮帶的寬度也可根據個人喜好調節。

● 頭巾還能代替帽子，把寬大的頭巾包裹住整個頭部，搭配同色系的墨鏡更加時尚，看起來不著痕跡地修飾充滿了復古意味。

養好肌膚很重要，肌膚底子好才能畫出好妝容；膚色好穿什麼都好看；膚色健康人才會年輕，膚色不好，臉色黯沉，無論塗多少大白粉都於事無補等等，以下就是珍珠傳授的一些肌膚保養祕訣——

重臉防攻

06 肌膚保養，解決面子問題

保養要點：要多喝水，建議每天飲水一千兩百毫升，約六杯。保持充足的睡眠，生活規律。多吃水果和綠色蔬菜，才是肌膚健康的真正泉源。

Part 1 要想肌膚健康，先要學會洗臉

頂著黑頭、雀斑、皺紋，行走在街上，迎面而來的美女，光鮮照人、粉嫩的肌膚成了強烈反差，刺激的自己恨不得立刻鑽進奔馳而來的車輪底下。是自己不會化妝，還

Chapter 2

是人家天生底子好？其實，好肌膚1％先天決定，99％卻靠後天的保養，保養最關鍵一步就是會洗臉，洗對臉。

第一步：溫水清洗臉部

一開始，妳一定要選擇流動的溫水將臉打溼，既能保持毛孔充分舒張，皮膚的天然保溼油分也不會過分流失。記住，冷水會縮緊毛孔，如果妳一開始用冷水洗臉將毛孔鎖住，就別指望毛孔內的髒物被徹底掃清；也別以為熱水可以洗掉臉上的油脂，實質上，溫度過高的洗臉水只會讓妳臉上的皺紋越洗越多。

第二步：洗面乳充分打出泡沫

使用洗面乳前，將手用香皂清洗乾淨，然後將洗面乳擠到手心，藉手部的溼度充分地搓出泡沫來，泡沫越多越好，緊接著再洗臉。直接將洗面乳擠出來放到臉上搓揉，不但達不到清潔效果，還會殘留在毛孔內引起青春痘。

第三步：臉部畫圈按摩十五下

將洗面乳充分搓出泡沫的手放在臉上，從兩邊鼻頭部位開始，向臉頰、額頭方向畫圈按摩十五下，讓泡沫遍及整個臉部。如果妳想洗得盡可能仔細點的話，可以用洗臉海綿。用海綿洗臉時也要從鼻頭部位到臉頰的方向畫圈，這樣可有效防止皺紋的產生。

第四步：徹底清潔洗面乳

清潔洗面乳時，要用流動溫水。輕柔地用溼潤的毛巾按壓臉部，讓毛巾將洗面乳吸走。

第五步：仔細檢查髮際

清潔時，要確保流動溫水沖走妳臉上的所有泡沫。妳自認為已經很乾淨時，不能立刻拿乾毛巾將臉部擦乾淨就ＯＫ了，事實上，妳還得檢查髮際，如果那裡殘留泡沫的話，青春痘依舊會找上門來。

第六步：用冷水撩洗二十下

雙手捧起冷水撩洗臉部二十下左右，再用冷水打溼的柔軟毛巾輕敷臉部，千萬不要嫌麻煩，這樣做可有效收緊妳的毛孔喔！

細細地欣賞一下鏡中的自己，是不是膚色比平時透亮了許多。哇！效果顯著，每天洗個十次、八次，臉部灰塵一定會無處安身，皮膚將越來越好！不是啦，一天最多洗三次臉就ＯＫ啦！過於頻繁洗臉反而會使皮膚變得乾燥。

Part 2 選擇適當的護膚品

- 洗完臉後，應選擇乾燥柔軟的毛巾拍乾淨。溼毛巾容易滋生蟎蟲，所以擦完臉後要晾曬乾，確保下次用時依舊是乾燥的。
- 護膚品使用最適當時機，是洗完臉用毛巾拍乾臉部後馬上擦，只有這樣才能達到護膚品滋養肌膚、鎖住水分的目的。

● 乾性肌膚以保溼、滋潤度高的護膚品為首選；油性肌膚，因為容易出油，毛孔容易堵塞，為了將堵塞降到最低，只擦一些化妝水為最佳。

● 面膜是皮膚的高級營養品，工作、學業再忙也要保持一週敷兩次。在市場上挑選一定要細看成分說明，做出適合自己的選擇。

當然，面膜也可以自己ＤＩＹ。

第一招是綠茶美白，取三至五克綠茶浸泡，泡五分鐘後，將茶水瀝乾，把茶葉倒入清水，然後撈起茶葉輕輕拍打整個臉部，拍打五分鐘後用清水洗盡即可。傳聞這是明星美白的不傳祕訣。

第二種方法是購買乾燥的面膜片，用熱水浸溼後，敷到臉上，然後拿蛋清均勻地塗於整張臉孔上。在蛋清裡可以加牛奶，也可以加蜂蜜。

● 如果妳的臉部肌膚實在乾燥，可以將保溼營養品塗於化妝棉上，貼到臉部二十分鐘，儘管妳當時的臉部看起來像打了Ｎ張補丁，但事後妳會為顯著的保溼效果尖叫呢！

Part 3 每天做防曬

妳臉上的黑色素，那赤裸剖析年齡的皺紋，那讓人揪心印證青春不在的臉部走位線條，都是太陽公公的功勞，說的更直白點，肌膚老化殺手就是那鬼魅隨行的紫外線。所以，請千萬注意，防止肌膚紫外線就要像防賊一樣。

- 別以為豔陽才是最該防範的，事實上，一年四季，無論颳風下雨，還是豔陽似火妳都要武裝自己，與紫外線打一場持久戰。
- 避免在早上十~下午兩點外出，因為此時陽光中的紫外線最強，對肌膚的傷害也最嚴重。這時段迫不得已要外出，遮陽傘一定不能離手。如果沒有傘就一定藥有防曬霜的保護，每間隔兩至三小時就要再塗一次。
- 無論是曝曬、輕微曬，還是根本沒曬，只要從事過戶外活動，回家後第一件事情就是洗澡。輕輕按摩擦拭身體，用溫水沐浴，用冷水沖淋，身體要用乾燥毛巾擦拭乾淨，並塗抹一些護膚品。如果妳明顯感覺肌膚有發熱或曬傷的感覺，可用毛巾包裹冰塊，冰鎮在發熱的肌膚上，可有效減緩燥熱不舒服的感覺。
- 盡量少吃零食，因為零食中的人工添加劑會造成內臟的負擔，造成黑色素沉澱，形成雀斑、黑斑等。
- 陽光炙熱的季節最好戴上紫外線濾鏡，可避免眼部肌膚曬傷、老化。眼部肌膚比任何部位都容易老化，所以保護眼部肌膚顯得最為重要。九點後就不要再喝水了，以免造成眼袋，因為眼袋消腫就會形成皺紋。要確保有足夠的睡眠，寧可早上四、五點起床，晚上也不熬夜到十一、二點。

玫瑰建議

①謹遵國外皮膚專家提出的美白保養基本準則即「ABCS」，A遠離陽光，B塗美白防曬產品，C戴帽、打傘，S是轉告所有美女。

②外出前，用熱毛巾敷臉，有助活化毛細血管，舒緩皺紋；塗抹眼霜時，不要忽略眼角周圍的色斑。

③指甲也需塗抹營養霜，以防變黃。

美麗延伸

自製超效眼膜、唇膜

● 銀耳去皺眼膜：將銀耳煮成濃汁，放入冰箱冰鎮。每日一次，每次取3～5滴塗於眼角、眼周，能潤膚去皺、增強皮膚彈性；

● 滋潤蜂蜜唇膜：如果妳的嘴唇總是乾燥且有脫皮現象，就試試這款唇膜吧！用熱毛巾輕敷嘴唇，3～5分鐘後拿開毛巾，拿軟毛牙刷輕刷嘴唇死皮，接著用棉巾擦乾嘴唇，用棉花棒取適量蜂蜜塗於唇部，最後拿保鮮膜敷好嘴唇，OVER。

● 舒緩曬傷面膜：先用冰鎮牛奶洗臉，然後將浸過牛奶的化妝棉敷於整張臉，或拿薄毛巾沾上牛奶敷在發燙的患處，可舒緩肌膚的曬傷。

07 避毛遮瑕，來一場化妝革命

很多女孩不只有天生的娟秀，還有後天有待挖掘的無窮魅力。這種魅力常常因一個小小的妝容呈現的淋漓盡致。不過，多數美女並不會正確利用化妝術讓自己變得更漂亮，反而因錯誤的妝容毀掉了形象。其實，粉底怎麼跟膚色搭配，眼影怎麼化才自然，唇彩如何勾勒性感美唇等等，都有特定的規律。從現在開始，拋棄妳灰暗的形象，來一場繽紛的化妝革命吧！

Part 1 臉與化妝品層層交接

- 正確清潔妳的臉部。
- 噴灑化妝水，輕拍臉部，確保肌膚的清爽，並鎖住毛孔。
- 塗上跟化妝水同品牌或滋養皮膚的營養面霜。
- 防曬隔離霜，一定要購買防曬時間較長的隔離霜，以四至六小時為宜。
- 飾底乳，塗飾底乳的目的是為了調整膚色，偏黃的皮膚可用淡紫色，偏白的皮膚一般用淡綠色。
- 上粉底，選擇較細膩的粉底液，顏色要與自己膚色接近，這樣的妝會顯得透明，不會有大白粉糊臉的感覺。

●上蜜粉，目的在於定妝。此時，肌膚已經基本完畢，接下來是細節處的修飾了。

●畫眉。提前將眉毛中的雜毛清理乾淨，描眉時，要遵守四要：眉頭要淡，眉坡要深，眉峰要高，眉尾要清晰。

●眼影。眼影是體現眼睛輪廓的關鍵，選擇眼影顏色要考慮衣服。化眼影時，從外眼角開始往內眼角畫，外深內淺，眉下方處要用亮色，發亮但顏色很淺的色澤為宜。

●眼線。化眼線時，不能從眼角到眼尾一條弧線全畫過去，而是上眼線從眼睛的2/3處開始畫，下眼線在1/2處畫。眼睛較小的女孩可以畫下眼線，眼睛較大可以省去。

●唇線。M型線條是唇形完美的重點。在唇峰的M線部分，用裸金色（也可選自己喜歡的顏色）唇線筆進行修飾，製造明亮的嘟唇效果。接著在下唇的中央，以裸金色唇線筆左右來回描繪出下唇線，並塗滿整個下唇中央，強調出豐唇的效果。

●口紅。亮亮的唇彩，或跟自己衣服接近的口紅都可以。

●腮紅。先要選顏色，偏白皮膚用粉色系，偏黃色皮膚用橘色系，偏黑皮膚用棕紅色系。塗腮紅時，長形臉的美女腮紅從顴骨最高處向耳際延

伸；圓臉美女腮紅從顴骨最高處向下巴延伸。年紀較輕的小美女，腮紅以顴骨最高處為中心，畫圈圈。

- 上睫毛膏。先用睫毛夾從根部將睫毛捲翹，然後從根部用Z字形往上塗。OK，睫毛膏塗好後，日常化妝圓滿結束。瞧瞧看，是否漂亮得無可挑剔？

Part 2 細節處採集美麗

- 想要膚色亮澤通透，一定不能使用比膚色暗的粉。
- 不要為了追求亮澤而一味塗抹粉底液，實際上膚色太亮，會顯得臉部很油，且會使臉上的皺紋更明顯。
- 塗口紅時，一定不能用過冷或過暗的色調。古銅色會使人顯得很蒼白，而較暗的口紅色會使唇部顯得單薄不豐滿。
- 上眼影前，要先塗一層眼霜，以避免眼周受傷。
- 生活妝最好不要用綠眼睛，塗不好就會落入俗豔。
- 如有眼袋，化妝時可將淡色遮瑕膏塗於眼袋下面，隆起處抹上深色遮瑕膏，可有效遮蓋眼袋。

珍珠建議

①當睫毛膏看起來已經很乾或快用完時，擰緊蓋子將睫毛膏放入熱水（不能是開水噢）浸泡，幾分鐘後，管內凝固的睫毛液就會自動溶化，可以再用。

②如果嫌補唇膏麻煩，可以先選擇柔和的粉色或是玫紅色的唇膏塗上，上面再蓋一層透明的唇彩，外部唇彩脫落後，裡面的唇色依然能夠保留。

③洗臉時，先用洗面乳潔膚，然後取少許鹽塗到臉部，用畫圈的方式在臉上按摩五分鐘後洗淨，有助肌膚排毒，減少油脂分泌。

美麗延伸

讓雙眼晶亮小絕招

- 增加飲食中的維生素A、維生素B。
- 枸杞子加菊花，用熱水沖泡飲用，能使眼睛輕鬆、明亮。
- 自製洗眼露。在乾淨的小盆放入半盆左右溫水，取少量食鹽或浴鹽放入盆中將其溶化，然後將整張臉浸泡於淡鹽水中，在水中慢慢張開眼睛，上下左右活動目光，堅持做一個月，明眸善睞自然來。

08 唇與彩，完美女人魅惑人生

嬌豔性感的嘴唇，是女人追求的最高境界，也是男人無法抵禦的致命誘惑。不過，不管多豐滿的嘴唇，若沒有唇彩、口紅的點綴，致命吸引力是無從噴發的。所以，即便妳是素顏出動，也一定要關照好妳的嘴唇，嘴唇與唇彩的完美搭配，會瞬間點亮妳整個人。

Part 1 養護唇部先天的彩

如果妳的嘴唇很豐滿、很滋潤，顏色很健康，嘴唇上彩才會更好看。所以，養護嘴唇是畫好唇部妝容的關鍵。

- 不要養成用舌頭滋潤雙唇的習慣，因為唾液中含有一些刺激肌膚的分泌物，會讓唇部更加乾燥，甚至脫皮。
- 嘴唇乾燥脫皮，睡前可以塗一層滋潤的唇膏，保證第二天早上妳的唇部很潤很軟。

- 不要用牙齒或指甲撕掉嘴唇上的死皮，一旦嘴唇流血，傷疤就很容易形成黑色沉澱。
- 少吃辛辣食品，也不要喝太燙的水，這樣很容易造成外表黏膜老化。
- 與其用廉價口紅、唇彩，還不如不用。
- 上唇妝前，最好進行過敏測試，嘴一旦過敏，以後就會經常過敏。

Part 2 唇與彩的完美搭配

唇部化妝

找準妳唇部的「M」線條，用唇線筆在唇部勾出一個理想的輪廓，唇線筆的顏色比唇膏的顏色稍深一點，但不要反差太大，以免造成視覺上惡性衝擊力；畫出理想的唇線後，選一款自己喜歡的唇彩，一般粉色系使用最廣，輕輕塗到嘴唇上，不要越過唇線。如果唇彩蓋住了唇線，或越出了界線，拿紙巾輕輕拍去唇線外的多餘唇彩，然後再將唇線稍稍補加。然後用珠光唇膏在嘴唇中間加一個亮點，增加光澤。

厚嘴唇的修潤

嘴唇過厚的美女可以選擇淺顏色的唇膏，淺色顯得輕巧，深色太過顯眼，尤其紅色有很強的膨脹感，厚嘴唇塗上這種顏色，將會更厚更大。

再來，可以把粉底液塗在唇邊，蓋住原有的唇線，在唇線內0.5～1公釐處畫一條唇線，然後塗上淺色唇膏。這樣，妳豐滿的嘴唇比原來就要小一圈。

如果嘴唇厚卻很小，用粉底液遮擋原有唇線，在唇線內人造唇線時，嘴角的唇線要畫的明顯一些，且唇線的交接處要比原唇線的交界稍長一點，這樣可以使嘴唇拉長。

過薄嘴唇的修潤

過薄的嘴唇，畫唇線時可以在原有唇線外製造人造唇線，當然人造唇線跟原唇線是緊挨著的，唇彩顏色也要選擇淺色，突兀的深色會讓薄嘴唇看起來更薄。當然，塗抹的唇彩一定要厚實，避免原有唇線露出來。

上薄下厚嘴唇修潤

上薄下厚的嘴唇，上唇彩前，可拿粉底液將原唇線蓋住，然後用唇線筆重新畫一條唇線。上唇的唇線要畫在原唇線外一公釐處，下唇線要畫在原唇線內一公釐處。塗唇彩時，上唇顏色可比下唇顏色淺一些，但必須是同一個色系。

無線條嘴唇修潤

那種看起來平直、沒有弧度的嘴唇最死板，所以唇線的意義非常重大，首先拿唇線筆在上唇畫出明顯的唇峰（M型），下唇的輪廓呈滿弓型。塗唇膏時，上下唇的中間顏色要淺一點，唇峰的顏色要深一點，顏色過渡要自然，突出立體效果。

下垂嘴唇的修潤

嘴唇下垂總給人失意、沮喪、心情不佳的感覺，要看起來陽光開朗，就要對嘴唇進行修潤。在畫唇線時，上嘴角的唇線要稍稍上翹，並將下唇線畫成飽滿的弓形狀與上翹的上唇線對接。如果效果依舊不明顯，上唇的兩端可用深棕色眼影點一下。選用的唇彩，上唇顏色相對下唇深一些。

玫瑰建議

①嘴唇表紋較多，塗唇膏容易順皺紋滲出去，影響美觀，要避免這種問題，可以上兩次唇彩，第一次塗完後，拿紙巾在唇上按一下，吸取油分，再塗一遍後，再用紙巾按一下，這樣唇彩就不會外滲了。

②上唇彩前最好先塗一層具有隔離防曬功能的護唇膏；平時要多喝水、食用一些富有維生素A、B、C、E的蔬菜和水果，可有效避免唇色黯沉。

美麗延伸　自製唇部面膜

● 蜂蜜唇膜：如果唇部乾燥又脫皮，卸妝後，可在整個唇部塗一層蜂蜜。蜂蜜是天然保溼劑，既能滋潤嘴唇還很健康。

● 將凡士林加熱溶解（隔水加熱），再加上植物精油均勻攪拌，待涼後凝固即可塗於整個唇部，具有消炎止痛潤唇功效。

● 一勺麥片，一勺牛奶和一勺蜂蜜，按一比一比例均勻攪拌成糊狀之後，用棉花棒塗在嘴上，五分鐘後，用清水洗淨即可。每天做三次，持續一星期嘴唇將更加紅潤。

09 耳朵的性感，全憑一款別致的墜子

Part 1 修容救贖

鵝蛋臉

鵝蛋臉的人天生美人胚子，戴什麼都好看，所以對於耳飾的選擇自然範圍遼闊。不過，也不能盲目和媚俗，連地攤貨都不放過。要想襯得臉型更加完美無缺，選擇今季流行款或上檔次的款式更關鍵。

圓臉

圓臉自然不能戴圓形耳飾了，耳飾的圓度會將妳的臉型襯托的更加滾圓。如果妳是足夠可愛，堪比洋娃娃的女生，也許可以冒險佩戴一些超可愛的圓形耳飾，不過，一般還是不要冒險為妙，免得讓妳的缺點暴露更多。那種中等長度，呈線型、水滴形、長橢圓形或劍形的長墜耳環，可從視覺上拉長臉型。另外，上窄下豐滿的有墜耳環也適合圓臉美女佩戴。

長臉

長臉的人記住不能戴長墜子耳環，尤其超大誇張的耳飾只會讓妳的臉更長。選擇時，應在中等長度以內以圓形或具圓潤感的耳飾為最，這樣的款式有助增添臉部的豐滿感。

方臉

方臉型的美女如果長得大器，可以佩戴有長吊墜的圈圈耳環。盡量避免戴耳環，耳環的精巧常常使人忽略了耳環，卻將所有目光投注在了妳的臉型上。想要避免毒辣眼光對妳方臉的挑剔，妳一定要佩戴足夠大器而又漂亮的耳環來轉移注意力。

倒三角臉

也是所謂的瓜子臉，額頭寬大飽滿，下巴瘦削。這類臉型多數並不難看，所以選耳飾的餘地也很大。不過呈直線形垂吊的耳墜，或者圈圈上吊滿小飾物的大圈圈耳環，抑或半月形弧線向臉部弓的耳飾都不宜佩戴，應選擇柱狀的透明水晶耳墜或月牙形弧度向外弓的耳墜，另外那種一根線上面吊了一顆水晶墜子或其他圓形墜子的耳飾也不錯。

大臉型

大臉美女的關注力應該在自己的頭髮上，如果一心想用頭髮遮擋臉型的不足，耳飾的意義並不大。當然也不能忽視，漂亮大器的耳環，小小的紫色耳墜都可以選擇，即便有時遮擋臉部的頭髮被風吹起，漂亮耳飾的存在，也會將人的關注力吸引到耳環上，而不是妳的臉。

此外，臉特別小的美女不能為了讓臉部豐滿而選擇超大的耳飾，那只會讓妳的臉看起來更小。最佳的選擇是精緻小巧的耳飾，耳飾的顏色可以更明麗一些。

Part 2 美髮巧搭

- 如果頭髮是高高盤起的，根據臉型的大小，可以選擇長而有墜的耳飾，這會讓人看起來高貴典雅，富有女人味。如果是搭配禮服，耳墜的長度可以再誇張一點，反正有修長的脖子頂著，不會出現不協調問題。
- 四六分或三七分的捲髮，那麼妳可以選擇一對不對稱的耳環，比如大圈圈跟耳環。將大圈圈戴於髮型偏重那一邊的耳朵上，可起到平衡作用，而且更加時尚。
- 直髮美女一定要選擇那種看起來很簡單，又很淑女，戴起來不刺眼，很舒服的耳飾。當然了，顏色一定要選擇鮮亮的，如果是黑頭髮，選擇一對大紅的瑪瑙耳環，

紅色若隱若現在頭髮中，自是風情萬種。

- 如果妳選擇了短髮，就不要佩戴太過妖豔的耳墜，小小的耳環是不錯的選擇。一定要讓一副時髦的耳墜配合妳性感濃煙的妝容的話，選菱形金色耳墜將更時尚。
- 有一頭性感十足的波浪大捲髮，另外又佩戴了一款精緻的墨鏡，這時該戴什麼耳飾？其實不戴也可以，非要選擇那一定是簡單的耳飾，太過誇張會產生與墨鏡衝突的危險，給人視覺上一種臉型超負荷的感覺，相當不協調。

Part 3 修身天使

- 身材高挑清瘦的美女，佩戴一款看起來大器又豐滿的大耳環，魅力無窮。
- 身材袖珍的美女，當然要看身材選耳飾，小巧精緻的耳飾更能襯托妳玲瓏的氣質。太過誇張或太長的耳飾，反而會無限縮小妳的比例，讓人猜想妳比這耳飾高多少。
- 跟臉型一樣，身材豐滿或者說有點胖的美女最好不要選擇圓滾滾的耳飾，尤其大圈圈或者大顆珍珠之類的耳飾，而應選擇長菱形、長橢圓型、長水滴形那種稍有拉長效果的耳墜，不過長度要適中，太長、太短都不行。
- 又高又壯實的美女，選擇的耳飾也一定要大器，且要簡單。那種沒有任何裝飾，只是一個簡單造型的耳飾是這類體型美女的首選。

遵守基本的原則，選擇漂亮的耳飾，讓自己好好地美起來吧！

珍珠建議

①耳飾的顏色要與衣服的顏色相協調，如果妳身上的顏色都是灰色的，鞋子卻選擇了玫紅色，那耳飾的色澤也一定是玫紅的，這樣才能上下協調。

②耳飾顏色要跟膚色互相配襯，膚色較暗的人不宜佩戴過於明亮鮮豔的耳飾，可選擇銀白色。

③古典的髮髻搭配吊墜式耳飾使人高貴優雅。長髮與狹長的耳墜搭配可凸顯淑女氣質；短髮與精巧的耳環搭配可襯托女性的精幹。

美麗延伸 銀飾清洗小妙招

- 將銀飾泡入溫水中（最好是純銀製品，沒有其他材質）。
- 在舊牙刷上擠入適量牙膏，拿起銀飾仔細刷洗，清洗乾淨即可。
- 如果污漬頑固，刷不下來，可在銀飾上塗抹適量食醋，再刷洗，污垢很容易清除。
- 清洗過的銀飾只是乾淨並不發亮，如果家裡有羊毛毯子或其他羊毛製品，將銀飾正面放在羊毛製品上使勁按摩，來回幾次後，羊毛製品變黑了，耳環卻閃閃發亮。

10 墨鏡，讓妳個性十足

珍珠記得，有次顧客提前預約要來工作室做造型，在電話裡她大致描述了一下自己的外表，以便珍珠能提前為她規劃一個完美造型。聽描述，珍珠覺得此女絕對是普通到不能再普通的女孩。不過，當她真正站到玫瑰面前時，她怎麼也不相信這就是跟自己電話預約的人：蓬鬆挽起的頭髮，甜美的絲質碎花細肩裙，耳朵、脖子、手腕上的裝飾恰到好處。最關鍵的是她有一張乾淨白皙的臉，鼻子上架著一副深紅鏡片、大紅邊的墨鏡。她的樣子簡直美呆了，如同從韓國青春偶像劇中走出來的一般。不過，拿下眼鏡給她做造型時，珍珠卻有些失望。原來她臉龐的美豔都是墨鏡營造的，拿下眼鏡，她小小的眼睛，大大的鼻頭組合成的就是一張普通到再也不能普通的臉。珍珠當時驚嘆，墨鏡功不可沒啊！

也難怪，在時尚風颳遍整個地球後，墨鏡

做為「酷」的代名詞，其在時尚裝扮中幾乎排行老大。出門不化妝，戴副大墨鏡隨便招搖過市，只要衣著不脫離潮流，妳依舊是人群裡的大美女。當然了，墨鏡還得配對髮型、臉型、衣著才行，戴錯了只會影響效果。

Part 1 與臉型一見鍾情

圓臉

圓臉戴墨鏡就是希望將臉型修飾的削尖些，顏色過豔的黃、紅色鏡片或框架線條纖細柔和的墨鏡，都會從視覺上放大臉型，而那種框架稍粗、鏡片顏色偏冷、顏色較深的眼鏡，就有很好的收臉效果。

小臉

臉很小，配一副大墨鏡就會產生比例失調的感覺。所以，小臉美女首先摒棄的就是大號的墨鏡。選擇時，框架很纖細，或無框架，鏡片顏色為淡藍色、紫色或淺咖啡色的墨鏡會帶給人意想不到的效果。

長臉

臉型較長的美女選擇墨鏡時，可選擇那種有著圓形或弧形鏡面“鏡面上下距離較寬，鏡架略粗的墨鏡，這類款式可有效減弱臉部的細長感。選擇顏色時，以粉紅或酒紅色為最佳，這兩種顏色都能增加臉龐的亮度。

方臉

方臉的人當然不能選方方正正的墨鏡了，也不能選太大或豔的，一般那種四角呈圓形、鏡片上寬下窄的墨鏡有明顯修潤臉龐的效果，鏡片顏色以穩重的褐色為佳。

倒三角形臉

這類臉型的美女選擇墨鏡時，可以選方臉不能選擇的方方正正墨鏡，也可選擇鏡片上下寬度接近的墨鏡，以較細的金屬鏡框或無框為佳，鏡片顏色要淺，淺黃色、淡藍色、粉紅色等都可以將尖峭的下巴修潤的很豐滿，也能避免寬額頭的擴張感。

正三角形臉

上額較小、下巴略寬的臉型，應選用鏡框較粗、顏色較深、橫向寬度略寬的墨鏡來縮減上下的比例，視覺上給人協調的感覺。

Part 2 與衣著志趣相投

金屬框架，或寬寬的金色邊框，配上圓形、橢圓形的鏡片營造出一種大器空曠的感覺，猶如置身沙漠。這樣的眼鏡搭配粉紅、粉藍、粉綠、高腰等少女味十足的服裝會給人沙漠中看見綠洲的感覺，猶如一種清新、自然、活潑、向上的風，颳過燥熱的夏季一樣。再配上淡而透明的粉底，淡粉色腮紅，暖色系唇彩，以及簡潔、雅致的項鍊、腕飾，這個夏季最出色的非妳莫屬了。

●有著個性味十足的橫樑，金屬框架，深棕色或黑色鏡片的墨鏡本身就帶著一種冷酷不馴，這樣的眼鏡配上冷豔的彩妝，寬大的偏向於中性的服飾，比如有吊帶的高腰寬腿褲，挽一個超大號包包，充滿野性和誘惑的拒絕，令人無法抗拒。

●那種樣式獨特，像珍珠的模特兒佩戴的糞便狀墨鏡，只是裝飾鏡而已，走秀、參加化妝晚會時戴戴即可。平時少戴為好，雖然這類款式讓妳整個人看起來就在時尚的風口浪尖上，但對於眼睛的危害極為巨大，為了配合嘻哈裝扮一定要戴一款這樣的眼鏡的話，也要選擇材質好，能有效抵禦紫外線的。

此外，各種捲度的女人味髮型，在墨鏡的選擇上就可以採用誇張一點的造型，或是亮一點的顏色來凸顯；而直髮的女生則可以選擇簡單俐落的墨鏡，來營造出自我個性。

玫瑰建議

①選購一款時尚前衛的墨鏡，可單單不是為了好看，更關鍵的是可以抵禦紫外線，保護脆弱的眼睛，所以，選擇墨鏡時一定要認清「UV400」標識，有此標識說明能抵禦紫外線。劣質墨鏡只會讓更多紫外線侵入妳的眼睛，嚴重傷害眼睛。劣質墨鏡還會對太陽穴帶來壓力，導致頭痛。

②鏡片顏色深淺以中度為佳，太淺，擋強光功能就會減弱，太深，會影響視物。一般茶色、灰色、綠色、淺咖啡色、淺棕色、粉色、酒紅都是不錯的顏色選擇，銀白色或白色鏡片都不宜選用。

美麗延伸

墨鏡生活小知識

- 摘戴墨鏡時，要用雙手，以防鏡框變形。
- 用專用的眼鏡布擦拭鏡片，不戴時用眼鏡盒裝起，避免摩擦鏡片產生刮痕，影響美觀。
- 墨鏡要分場合、分地點戴，陰天、暗處和室內不宜佩戴。如果黃昏、傍晚甚至看電影、電視時都佩戴，就會加重眼睛負擔，引起眼肌緊縮、疲勞，使視力減退、視物模糊，甚至出現頭暈眼花等不適症狀。

「頸」雕細琢

Rihanna很挑剔，這是演藝圈公認的事實，玫瑰身為她的造型師，更沒少被折騰。此時此刻，她仔細地審視鏡中完美無缺的臉，然後拿修長的手指在脖頸上輕劃，她的樣子像是自我欣賞，又像是尋找不足。玫瑰拿著一把造型梳，等待著Rihanna那雙堪比放大鏡的利眼找出一堆瑕疵讓她修改。

「女人的年齡真就寫在脖子上喔！」Rihanna頹廢地坐到椅子上說道。這是玫瑰想都沒有想到的。一向高高在上、自信滿滿，堪稱無人能比的Rihanna，竟也有突然失意的時候？玫瑰的內心突然變得很溫柔，想去安慰這如天外尤物的熟齡女星。

「沒有人到妳這個年齡還像十八歲。脖子上的問題其實根本不是問題，我再幫妳修飾一下，就不會有任何歲月痕跡了！」玫瑰拿起一盒幾萬塊的粉霜，拿粉撲輕拍起來。

「我原以為自己保養的很好，至少底子不錯。」這就是自信的Rihanna，幾秒鐘的失落後，瞬間拾起的依舊是那滿滿的自信。她的嘴唇左角永遠上揚，帶著對他人的幾分不屑和對自己的十萬分滿意。

「那突然間為什麼傷感呢？」玫瑰一邊忙一邊問道。

「所有的鎂光燈閃向我時，我能從人們的追捧中看到狂熱和羨慕；娛樂新聞都在誇讚我四十歲的年齡，十八歲的容顏。我當然也很自信了，覺得那四十歲的歲月不會在我身上留下影子。但是，打擊不期而至。昨天參加一商業晚宴，與一位外國人交談時，讓她猜測我的芳齡，他竟然毫不避諱地說出了我的年齡。當我又驚又生氣

Chapter 3

時，他卻很自然地說，我脖子上的紋路清晰地披露了年齡。現在看看這四道深深的紋路，還真像樹輪！」Rihanna接著嘆息道。

玫瑰算是用了十二萬分的努力，細緻地修飾Rihanna的脖子，但是，那厚實的脂粉無法掩飾歲月雕刻的痕跡。最後，玫瑰只能拿起一款寬編帶綴有一朵千層花的脖頸飾品，才算解決了脖子丟面子的問題。

11 防皺譜寫不老脖頸神話

記住Rihanna的話吧！女人的年齡寫在頸上。失去了光潔可愛的鵝一般美麗的頸子，人們對妳十八歲的容顏興致索然。女人香頸出眾，戴什麼都好看，露背尺度再大，頭髮挽得再高，全都有香頸頂著，總丟不掉自信。

從現在開始，對自己的香頸重視起來，與各種養護手法親密接觸，創造妳不老神話吧！

Part 1 節約型日常護理

頸部健康操

①全身放鬆站立，雙目直視，然後做低頭、仰頭、側轉頭和環轉頭（就是頭部抬起朝右、左旋轉）等練習，頭部轉動時要盡量轉到不能轉為止，這四組動作每分鐘做十五至二十次。

②全身放鬆站立，然後用頭部最大限度畫圓，順時針方向與逆時針方向交替做；抬頭時，下巴最大限度往前伸，直至極限後停留六秒，這樣的運動不但可以減少脖頸皺紋，還具有減雙下巴的功效。

③垂直站立，引頸向上，頭使勁往上頂，默數二十下為一次。

④坐在椅子上，雙手以適當的力度扶住頭部，做低抬、側轉頭練習，動作要緩慢輕柔，不可過快過猛。

⑤雙手握拳，兩肘內靠，撐住下頷，頭後仰，然後再慢慢地盡最大可能往下壓，做數次。

⑥平臥床上，頭部抬起，下巴盡可能向胸部靠近，慢慢地移動，直至不能再移為止，接著將頭部恢復到原位，停留片刻後繼續重複此動作，每分鐘做十五至二十次。

頸部美容操

如果妳是上班一族，以下三種方法就相當實用：

①左右擺動頸部，每天早、中、晚各一次，轉動次數隨著活動天數慢慢增加。

②嘴唇緩緩做微笑狀，將頸部盡量上仰，直至感到肌膚拉到最緊處，保持此姿勢五秒。

③在鎖骨與下頷之間，用左、右手的手背由內向外交替輕輕拍打，既可放鬆肌肉，又能改善皮膚

鬆弛狀況。

Part 2 保養型日常護理

● 定期到美容院做頸部護理，從二十五歲開始妳就該這麼做了，雖然這麼做是一項投資，但能確保妳香頸的持久美麗。

● 別光顧著洗臉，卻忘了妳的脖頸，將洗面乳的泡沫盡可能塗到脖子上，輕輕搓洗；擦乾後，塗上頸部滋養霜或防皺霜。為頸部清潔和塗護膚品時，雙手應從下向上輕推，以防止皮膚鬆弛。

● 塗完頸霜後，可以對頸部進行按摩，用雙手輕輕按摩整個頸部，然後拿十指在脖頸上輕輕揉捏。這樣做不但能加速頸部肌肉的血液循環，還能幫助肌膚充分得到頸霜的滋潤和營養，減輕皺紋。每日堅持做一至二次。

● 使用頸霜，要根據自己的膚質，選擇含有抗

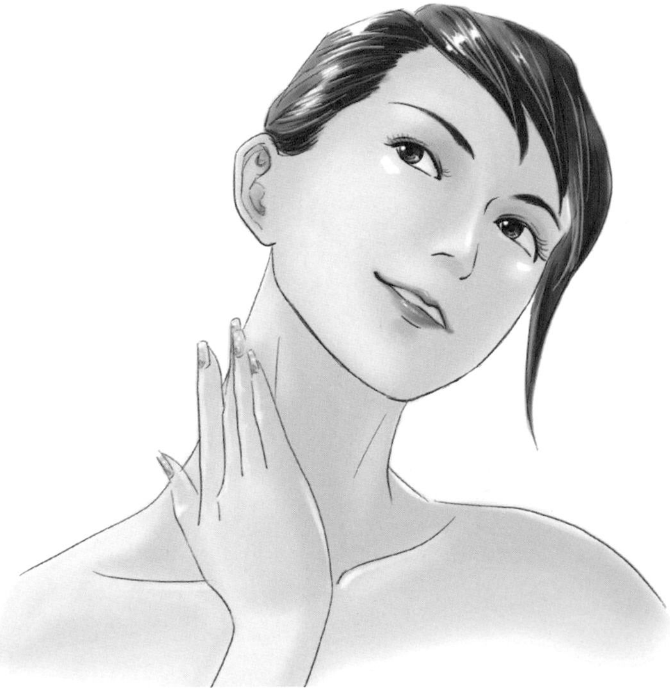

皺、保溼及有營養成分的產品，這些產品中的有效成分，如蘭花油、人參精、茴香精等，具有抗氧化、保溼的功能，且不易引起皮膚過敏。

- 脖子部位粗糙灰暗的皮膚完全是被紫外線侵襲的，所以無論天氣陰晴，出門時不光臉部、身體要做好防曬工作，香頸更要防曬護膚，且根據戶外活動時間的加長，每隔兩小時再補充防曬霜一次。
- 頸部因勞累過度，無法靈活轉動時，可以將鹽水結成冰塊裹在毛巾裡，然後放置於疼痛部位，畫小圈進行冷敷二十至三十分，兩至三天後疼痛即可消失。
- 頸部也可做面膜。將去皮馬鈴薯煮熟，搗成泥狀，加入一匙植物油和雞蛋清攪勻，趁熱溼敷於脖頸，可使頸部肌膚變得細膩、光滑、白皙。
- 如果香頸肌膚已經出現鬆弛、乾燥、輪廓感下降等一系列頭痛問題，那得花點功夫趕緊補救了。首先徹底清潔，然後去角質，清除頸部上的死皮，接著做頸部按摩，以舒緩頸部肌肉，收緊頸紋。最後一步很關鍵，就是敷頸膜套。頸膜套是一款專門用於頸部及胸部的美膚膜，能為肌膚補充水分和營養，增強肌膚細胞再生，避免多皺、膚色黯沉等多種問題出現。

最後還得建議，脖頸肌膚也要透氣，不要以為捂得嚴嚴實實就能確保香頸的白嫩，實質上長期穿著不透氣的高領衣物、粗毛圍巾等，會導致肌膚因毛孔不順出現溼疹、發紅、發癢等症狀，並導致頸部肌膚黯沉。

珍珠建議

香頸都是養出來的，二十五歲後妳就要對自己的脖子充分重視起來，且以下小動作得趕緊改掉：

總是高枕無憂；

總是低頭做事；

用脖子夾著電話聊天；

無論外面風沙肆虐還是暴雨連綿從不戴圍巾；

喜歡將香水噴灑在脖子上；

從不顧及脖子的感受，不採取任何防曬措施。

美麗延伸

香水噴灑產生致命誘惑

香水一定不能直接對著脖子噴，那會對妳香頸的肌膚造成大傷害，以下有幾種建議噴法：

- 噴霧法：要想身體大面積清香，穿衣服前可讓香水噴頭距身體約十至二十公分，噴出霧狀香水，隨後在這團霧狀中旋轉身體一圈，也可靜立三分鐘，這樣香氣可均勻落在身體上，留下淡淡的清香。
- 七點法：將香水噴灑於左右手腕靜脈處，拿雙手中指及無名指輕觸手腕香水處，隨後輕觸雙耳後側、後頸部；接著用帶有香水的手輕攏頭髮，並於髮尾處停留片刻；用灑有香水的手腕輕觸雙肘內側；接著再將香水噴於腰部左右兩側，用雙手食指及中指輕觸腰部香水處，然後輕塗大腿內側、左右腿膝蓋內側、腳踝內側。注意，不要用手使勁摩擦，以免破壞香水原有的成分。

12 性感鎖骨，後天培養

幾乎所有性感的女星都有一副好看的鎖骨，每每穿著晚禮服走過紅地毯，那誘人的鎖骨恨得我們只想找上帝算一筆不公平的帳。怎麼辦呢？命裡註定女人最引以為傲的鎖骨難以在自己身上找尋。

不要悲觀，相信美人可以後天打造，只要勤奮，誰說妳不可以。

蛇式伸展

專家說了，要想培養後天的鎖骨，沒什麼竅門，就是一門心思做身體和頸部運動。第一招是一個瑜伽動作，有案例證明這套動作對於鎖骨、肩部塑形極有好處。

動作要點：身體平直俯臥在床上或大墊子上，然後雙手支撐上身，指尖朝前，身體慢慢提升。切忌支撐同時保持下腹部是緊貼墊子的。頸部後仰，使脊椎彎成C型，保持三十秒。堅持每天做。

後仰式伏地挺身

這個動作牽涉的部位較全面，胸、肩、背、腹、臀都可透過這一動作得到鍛鍊。

動作要點：坐在墊子上，雙手和腳跟撐地，雙腿伸直，腕部與肩部並齊，手指朝前，身體保持直線，此時整個身體都處於緊實狀態，慢慢彎曲肘關節，將身體放低幾公分，緊接著再將身體撐起。就像呼氣和吐氣一樣。

側伏地挺身

側伏地挺身能使頸、肩、背關節柔軟，促進鎖骨區淋巴流動。

動作要點：站立，呼氣，將臀部翹起，右側有意識向下壓，左右各做兩次。

坐姿推舉

此項動作可幫肩部塑形。

動作要點：坐在椅子上，背部平貼椅背，雙手握住椅子扶手，將身體向上推舉，手臂伸直後慢慢向下放，直到肘關節與肩關節平行為止，緊接著再向上推舉。

上犬式

這套動作能有效消除肩部僵硬感，伸展脊椎，調節鎖骨區血液循環，豐滿胸部。

動作要點：俯臥，雙腿稍分開。雙手撐地，伸直兩臂，上身盡量向後伸展。腳背撐地，兩腿伸直，保持三十秒。

駱駝式

此項動作可有效幫助僵硬的肩部舒展，對鎖骨、肩部塑型極有好處，並防止皺紋出現。

動作要點：跪坐在墊子上，雙手抓住雙腳後跟，吸氣，挺起胸部，頭部盡可能向後傾，然後保持此姿勢呼吸五次。

礦泉水體操

這是很有效果的一套鎖骨區塑型的漂亮動作，能讓肩部變得有骨有肉，平展如「一」。

動作要點：雙手握住礦泉水瓶，向上推舉，手臂伸直後慢慢向下放，直到肘關節與肩關節平行為止，接著重複此動作十次以上。

肌肉拉伸操

這個動作有助於頸部肌肉的拉伸，活絡肌肉組織，舒展僵化的肌肉，有效促進老廢物排出，並調整後背和鎖骨線條。

動作要點：用左手托住頭部，然後頭部盡量向左倒，右肩有意識向下壓，加大拉伸度。重複此動作四至五次，然後反方向再做一遍。

玫瑰建議

①兩隻手畫圈從頸部輕壓到胸前，雙手在鎖骨處交叉，一直按壓到腋下，確保兩邊腋下都按壓到。重複五次。

②抹上緊實按摩霜，用手沿著三角區的兩條「邊長」從肩部位置向鎖骨處輕推，推時手指微微使勁按壓鎖骨凹陷處。重複五次。

③再次在手上抹一點按摩霜，然後由鎖骨向上，沿著兩條邊長，從下向上輕柔快速地按摩。重複十次。三種動作可有效緊膚、健膚、塑造性感鎖骨。

美麗延伸

放鬆肩膀肌肉可修飾手臂線條

- 站立，雙腳打開與肩平行，吸氣、吐氣慢慢調整呼吸，連續做三次。
- 雙手向後，手指合十，吸氣，手慢慢往上提，肩膀打開並將胸部往前推，手盡可能持續往上提，提到不能再提後，停留空中約十秒左右。
- 手慢慢放下配合緩緩吐氣，手停放在身體兩側，提氣呼吸，再做一次，反覆約做四至五次。此項動作可修飾手臂，讓手臂的線條更加流暢修長。

13 重「巾」女人更女人

冬季厚實而不失色彩和花形的大圍巾大行其道，春季和秋季精緻的絲巾嶄露頭角，而夏季也有人拿絲巾當項圈，可謂風格獨特，風度翩翩。連韓國男人們都拿花花綠綠的圍巾繞在脖子上營造出花樣少男，讓美女們直呼好看時，妳就該意識到圍巾在塑造一個精緻的形象時所起到的作用有多大。都說懂得絲巾、圍巾的女人更女人，秋季的風夾裹著清涼呼喚著冬日的腳步，那麼妳是否已經準備好一條圍巾，迎接第一場雪的到來呢？

Part 1 絲巾的選擇和搭配

以色飾人

質地柔軟的絲巾雖然戴在脖子上既能擋去涼颼颼的風，還能妝點一個女人的柔美感，但是如果不針對膚色選擇顏色，不但起不到妝點作用，還會將美女的臉色弄的很糟糕。

膚色較黃的美女就不能選擇黃色的絲巾，那會讓自己的臉色看起來很病態。一般暖色系，如粉紅、粉藍、銀灰色等較跳脫的顏色，能營造一種健康向上的感覺，是黃膚色美女的首選。而黃色系，如深紅、深紫、黃色、墨綠等色就不太合適。

膚色較黑的美女，可以大膽的選擇淡灰、湖藍、玫瑰紅等色系，摒棄深紅、深紫、深灰、黑色等襯得膚色更加黯沉的顏色。淺黃或薑黃色都是較土的顏色，如果妳長得不夠洋氣，膚色又黑，就一定不能選擇，要不然可真成了賣雞蛋的村姑了。

膚色白的美女，選用色彩的範圍較廣，深灰、大紅等深色會使膚色顯得更加白淨，淡黃、粉紅等淺色又能使妳格外協調柔和。

以才飾人

圓臉：繫好絲巾後，將下垂的部分盡量拉長，強調縱向感。一件具有縱條紋的飛鼠袖T恤，能很好地將絲巾營造的縱向線條過渡到一個完美的程度。對圓臉美女來說，為了配合縱向延伸的絲巾餘部，花結一定要出眾，像鑽石結、菱形花、玫瑰花、心形結、十字結等既簡單又有稜角的花結就相當不錯。層層疊疊的圓形花朵圖結就不適合圓臉美女。

長臉：蝴蝶結、百合花、雙頭結等左右展開的橫向繫法，能將臉部從視覺上拉寬。在此力薦，將絲巾擰成結實的麻繩狀，然後在脖子上繫成蝴蝶型狀，圓潤的絲巾項圈，加橫向展開的蝴蝶結，營造一種朦朧的圓潤感。

方臉：為了調和這種硬朗、嚴肅的氣質，繫絲巾時盡量做到頸部周圍乾淨俐落，並在胸前打出些層次感強的花結，營造女人的一種柔媚感，再配上線條簡潔的上衣，演繹出高貴的氣質。

倒三角臉：這類臉型的美女給人一種精明的感覺。如果選擇色彩較為豔麗的絲巾，打成帶葉的玫瑰花結、項鍊結、青花結，就會稍稍掩飾眼睛裡的那股慧氣和機靈勁，變得性感嫵媚。花結要注重橫向層次感，下垂的三角部分要盡可能自然展開。

多途飾人

將絲巾當頭巾，將所有的頭髮包在裡面，或者當髮帶，營造田園女郎的魅惑，當然妳還可以將大絲巾當成裙子穿，就像珍珠參賽的模特兒一樣。

當然，絲巾材質不同，使用方式也就不同，一般棉、絲質，柔軟服貼度佳的可以當頭巾或髮帶。如果想在領口或胸前做小巧的絲巾造型，雪紡既輕柔又有立體感，效果極佳。夏季用高質感的絲或螺縈材質的大方巾或大長巾，可以變化成罩衫、沙龍裙。

七種花結的繫法

百折結

繫法一：將方形絲巾一上一下折疊成千層狀，圍到脖子上後，拿橡皮筋將多餘部分紮起來，一個扇形的花結就出現了！

繫法二：將方巾一上一下折疊成多層狀，圍住脖子一圈後，按個人喜好偏左（偏右）繫一個結，也可用一根別針將兩端固定好，稍調整一下就好。

蝴蝶結

將長絲巾一上一下折疊成多層，絲巾寬約五公分時，圍住脖子，在胸前V領處打上蝴蝶結，稍稍調整一下花結即可。

茉莉結

將絲巾兩端對齊對折，擰成麻花狀，圍在脖子上，將絲巾的兩端分別打結後（留出三公分的寬），穿過另一邊的環內，調整角度，然後將絲巾展成漂亮的形狀即可。

領帶結

將大方巾的兩個對角按中間一個點對齊，將對角兩邊繼續往中心圓點內均勻對折，直至將絲巾弄成寬約五公分的類似兩頭削尖的鉛筆狀。將圍巾不等式圍在脖子上，長的一頭壓住短的一頭，短的一端從左至右從下面繞過來包住長的一端，以形成一個結眼，再將長的一端從下面繞過脖頸正面的環，穿出來，調整長度即可。

麻花結

雙手握住長絲巾的兩端，將絲巾擰成麻繩狀。手要放在絲巾兩頭五公分處。將擰成麻花狀的絲巾圍在脖子上，繞著脖子圍二至三圈，使兩端位於同個側邊。接著兩端交叉，把放在上面的一端拉長，然後將長的一端從短的一端的下面向上穿過去繫成一個平結，將打好的花結整理好即可。

玫瑰結

將長絲巾折疊成五公分寬的長狀，將絲巾圍在脖子上，用長的一頭壓住短的一頭，將長的一邊從短的一邊下面繞過，從脖子下的眼環穿過來。此時長的一端依舊在上。將長的一端擰成麻花狀，順著結頭一圈圈纏繞捲出玫瑰花型。將短端自然垂下。稍加整理後，一朵玫瑰就成形了。

宴會結

選擇一款漂亮的長絲巾，每隔兩公分打一個結，然後將打好結的圍巾繫到脖子上，不留尾梢。如果絲巾上有亮珠片或者珍珠之類的妝點，配上晚禮服，妳一定會成為宴會的焦點。

Part 2 圍巾的選擇和搭配

枯寂寒冬，抑或蕭索深秋，再頹廢的天氣，總有一抹紅、一抹綠，抑或一抹繽紛，開放在充滿靈氣的女孩胸前，沒有什麼飾品能像圍巾一樣營造出如此大塊的色彩了。即便心情再壞，看到那鮮嫩的或綠或紅，突然間整個人都會明媚起來。是不是也期盼自己完美的圍巾搭配給他人也帶來這樣的感受？

與衣合

既然充滿未來感的鐵青色開始成為服裝流行主色，那麼添一條純白色、有著個性造型的圍巾，不僅能襯托出紅唇黑眸，又能保持藏冷色的沉穩冷靜氣質。

墨綠色圍巾一直是時尚人士最高的選擇，看來看去還是銀灰色的衣服最好配，尤其是豐滿的女孩子如此裝扮，猶如空曠無邊的銀裝世界一棵頂風而立的勁松深情呼吸。而若曲線窈窕的女孩子穿了一件銀灰的衣服，那就選那種如火般炫麗熱辣的大紅圍巾吧！這樣的裝扮會讓妳成為街頭一道無人媲美的靚景。

如果只穿了一件薄薄的襯衫，或一件長袖T恤，就不要選擇一條羊毛、拉毛等材質，膨體和鉤針編織的大圍巾，會讓妳看起來很有負荷。

穿羊毛大衣，厚實的棉衣，為了避免頭部與身體比例的失調，圍巾就要選擇厚實而且顏色偏亮的。圍巾最好是纏繞在脖子圍成幾圈，這樣會稍稍平衡上下的重量。

衣服色調很單調，比如深棕色的亞麻衣服，深灰色的長款帽T，圓領的長版針織衫等，就要配上有花

色圖案的圍巾，而花色服裝則宜用深素色圍巾點綴。

與人合

圓臉：最好將圍巾搭在脖子不繫為好，或者在胸部隨意交叉一下，這樣的圍巾繫法既隨意，由圍巾勾勒出的大V型還具有拉長臉型的效果。

還有一種繫法是，將圍巾對折圍在脖子上，然後將兩邊對角穿過另一端的扣眼，弄成一個鬆鬆的V型，有助拉長臉型。

另外一種繫法是，將圍巾一頭繞脖子半圈，垂於後背，一頭垂在胸前，圍在下巴下面的半圈圍巾要弄成V型，可凸出下巴的尖峭。

長臉：長臉最好將圍巾全部圍在脖子上，一點餘稍都不留。這樣脖子裡厚實的圈狀視覺上可縮短臉型。也可以將圍巾只圍一圈，其餘部分垂在胸際。

倒三角型臉：這類臉型就是下巴太尖，額頭又很大，最佳的繫法是將圍在脖子上的圍巾盡可能地向下巴靠近，感覺下巴也被裹起來的感覺。

正三角型臉：這類臉型跟倒三角型正好相反，額頭小，下巴寬。除了要在髮型上下功夫，圍巾的繫法也能幫其稍稍改善。將長圍巾圍在脖子上，繞兩圈，然後將兩頭繫一下，長長垂在胸際，這樣可與窄額頭相呼應，同時鬆散的綁結形成的V形狀能有效緩解下巴的扁寬。

玫瑰建議

①印花圖案絲巾一定要配色調單一的衣服，而且絲巾上至少要有一種顏色與服裝的顏色相同或相近。

②印花衣服配素色領巾時，務必使衣服上的色彩和領巾相互輝映，有兩種方式：可挑選衣服印花上的某一個顏色為絲巾顏色，或者挑選衣服上最明顯的顏色，用這個顏色的對比色去挑選絲巾顏色。

③素色衣服與圍巾搭配時，可採取同色系對比色的配法，如黑色連身長裙配灰色絲巾等；同顏色衣服和絲巾搭配時，絲質的衣服要搭配絲絨絲巾；純棉、純毛的衣服，搭配絲質絲巾等。

美麗延伸

真絲絲巾的科學保養收藏法

- 清洗真絲絲巾時，一定要用冷洗精拿手輕輕搓揉。在避免陽光直射的地方晾乾。
- 不要將絲巾收藏於潮溼、不通風或陽光直射的地方，以免造成絲巾出現菌斑和褪色。
- 收藏時避免將乾燥劑、化妝品、香水等化學劑直接沾染於絲巾上，若不小心沾上時，應立即清洗，否則會造成絲巾變黃、變黑。
- 收藏時可將絲巾平整的折疊好放於抽屜中，亦可吊掛在光滑的衣架上。

HOT

「胸」花怒放

珍珠的好友Ella是著名的服裝設計師，她為一家世界頂級服裝品牌提供服務，該品牌每季的新款發表會上總能看到她設計的優秀作品。

秋天的味道越來越濃，街頭巷尾豔麗如燕尾蝶一樣的女孩們蛻去了她們的吊帶熱褲，此時此刻，長袖露肩，胸口別一朵胸花的高腰小外衣成了她們的最愛，就連珍珠都為自己買了一款。穿著這款露著肩膀、領口開得很大的小外套，火辣內衣精緻的花邊可以逃跑出來見見陽光，擰成麻花狀的，或者由無數小花攏掇的，抑或由細細的三根黑色帶子拼成菱形方塊的內衣帶子可以隨意招搖，精緻與秀美衝擊著視覺，散發出最性感與最前衛的氣息。

這是Ella的作品，一上市其受歡迎程度讓所有人跌破了眼鏡。Ella的其他幾款作品，在這個金色麥粒還在風裡隨意搖擺的季節，也獲得了最滿滿的讚譽。於是，一場專屬Ella個人的時裝發表會在公司高層的鼎立支持下，在最浪漫的城市巴黎拉開了帷幕。玫瑰和珍珠以Ella特邀的化妝師身分，理所當然飛抵巴黎與時尚進行了一場親密約會。

時裝發表會前，有一場雞尾酒會，巴黎名流齊聚一堂，明豔性感的女模、莊重高雅的闊太、才情兼備的設計師，還有鼎立贊助這場發表會的首腦人物，優雅的舉著酒杯，從每個人精緻得體的裝扮看，倒不像是來參加宴會的，反而更像來選美的。

因為Ella設計的款式中多數有胸花點綴，宴會上的很多人都像是為了給Ella打氣助威般，身上不同部位都有胸花修飾。

Chapter 4

身材超棒的玫瑰穿了一件豔紅的低胸魚襬長禮服，右胸口處別了一枝絲綢質地的綠玫瑰，左手腕上戴著同款同類型的絲綢腕花。頭髮隨意盤起，戴著長長的黑色耳墜，與黑色涼鞋交相呼應。珍珠告訴玫瑰，雖然有「紅配綠，狗臭屁」之說，但玫瑰這樣的裝扮倒讓她看起來相當搶眼。

珍珠將所有的頭髮弄到左肩，燙成了規整的大捲，左耳上方戴了一朵白色的茉莉花。她穿著一件露著左肩膀的寶石藍斜肩短款禮服，細高跟白涼鞋。這身裝扮讓小巧的她看起來分外美麗。

因為是造型師，眼光格外毒辣，看著宴會場裡那些妖豔的身影，不免從頭到腳挑剔一番。珍珠認為那位外交官的夫人，雖然穿了一套質地優良、款式高雅的套裝，與她的身型、年齡很般配，但胸花選得太失敗，顏色太過妖豔，有失優雅；戴的位置也不對。珍珠看得牙癢癢，恨不得從那位年輕的平胸女星身上拿下那朵小小的玫瑰花與外交官夫人互換一下。

玫瑰覺得外交官夫人和平胸明星的問題還沒有晚會贊助商太太的嚴重。她穿了一件玫紅的低V領禮服，禮服內的黑色胸罩有著跟禮服領子一樣的V形狀，一圈黑色的精緻花邊露在禮服外面。雙乳中間，V領最底端露出一朵黑色的小花朵。因為她的脖子比較短，這樣的領子設計倒是視覺上拉長了脖子。不過奇怪的是，她又戴了一條看起來相當繁瑣的中長度寬項鍊。

「您好，夫人，我是造型師玫瑰，妳的項鍊非常漂亮！」那位夫人從她身邊走過，投來善意的微笑後，玫瑰馬上誇讚道。

「謝謝！妳是那個鼎鼎大名的玫瑰？」顯然，夫人對玫瑰早有所聞。

「夫人過獎了！」玫瑰很謙虛。

「很高興認識妳。」這夫人停住腳步與玫瑰交談，並徵詢玫瑰，如果玫瑰為她的裝扮打分，會打幾分？

「喔，妳的裝扮非常漂亮，幾乎無可挑剔，一定要找出點問題的話，那就是，也許拿掉這條美麗的項鍊，妳整個人將更加俐落。」玫瑰誠心建議。

優雅的夫人聽取了玫瑰的建議，當場將項鍊拿下來放進了包包裡。

珍珠穿梭於晚會時，幾個聽聞或看過相關她報導的女星過來跟她請教穿衣之道，那位平胸的年輕女星也在其中，珍珠給了她最中肯的建議，最好拿下那朵胸花，換一朵更合適的。

珍珠跟玫瑰兩人精湛的造型技術，加上Ella創意無限的服裝設計，發表會相當成功。據Ella後來說，發表會還沒有結束，就有很多訂貨商打來電話，預訂上萬套服裝。珍珠和玫瑰一致預測，由胸花、胸飾修飾的衣服很有可能成為秋冬兩季的潮流。

14 胸花巧搭配，一支豔色別上心頭

不知道從哪一天開始，妳需要正視一個事實，普通的服裝，只要從諸多炫爛繽紛的胸花堆裡挑出一朵適合的胸花，人就大變樣了。也許妳從不知道胸花從哪一天開始流行起來的，也不知道它的功能如此強大，更不知道妳在諮詢胸花如何戴時，很多胸花資深玩家，已經將胸花改造成頭飾、腕飾、頸飾、腳飾、肩飾，隨意綻放。妳該快速清醒，花飾已不是上上個世紀八、九〇年代英國伯爵夫人帽子上的一縷裝飾，它已經成為時尚，正大行其道於櫥窗內，妳的衣服、頭髮、身體的每一寸肌膚還能少了它的影子嗎？

Part 1 胸花可扮多面手

胸花的流行完全有點讓人措手不及，先是走在媒體風口上的女星將大朵的花朵戴在順直的頭髮上，緊接著就有很多花朵髮圈問世，年輕的美女挽起的頭髮上總能看到一、兩朵既妝點頭髮，又美化臉龐的花朵；緊接著以往只有職業套裙上才配有的花朵別針，輕巧地出現在了任何材質、任何款式、任何顏色的衣服上，直至現在，那一朵多用途的胸花已經佔據了衣服、肩帶、脖子、頭髮、腳踝，甚至涼鞋，一切能佔有的地方。現在，只要妳有一款好看的花飾，妳可以為所欲為地戴到任何妳想戴的地方。

與服飾的搭配

衣服款式太單調，或者有些發舊，抑或顏色太過灰暗時，我們就可以選擇一款好看的胸花，佩戴在衣服上。胸花的種類可不是花瓣尖尖的，被染成各種顏色的千層花就那一種，實質上，任何形狀的花朵都可以做成胸花，而胸花也不光是單調的一朵花，一根別針就ＯＫ了，實質上，花朵上綴有流蘇、緞帶、細長觸鬚、花葉、珍珠、鑽石、瑪瑙石、黃金、亮片等的胸花，已現身於任何飾品櫥窗內，足見它的流行。配對衣服的顏色、款式，選一款合適的胸花綴於胸前，既能襯托風格，還能打造優雅。

據說英國女王伊莉莎白二世超級喜愛胸花，每當她接待外賓時，總不忘別上一朵別致的胸花，襯托她雍容華貴的氣質。試想一下，炎炎烈日，映照著妳胸部上盛開的花朵，那會是一種怎樣的美麗呢？

與頭髮的搭配

無論是地攤貨，還是商店裡的昂貴設計，有一點是共通的，那就是胸花可以兩用，既像別針，又像髮夾的金屬夾子可以讓妳將胸花別在衣服上，也可以別在頭髮裡，而圓圈式鬆緊帶，既可以紮頭髮，還可以當手飾，套在手腕上，或者腳踝上。

曾經很多人以為將花飾別在頭髮上很傻，可是現在花飾是一種流行，別在頭髮上吸引來的是諸多目光和讚許。如果妳的髮型看起來很死板，或者樣式總是很單一，選一些別致、新穎、得體的頭飾，這些綴在髮間的精靈在妝點頭髮的同時，會襯得整個臉龐相當美麗。

與帽子的搭配

如果妳有一頂柔軟、帽沿超大的草帽，草帽上的裝飾已經有些陳舊，妳就可以購買帶流蘇或者緞帶的胸花別在帽沿上，就像時尚界秀場裡走秀的摩登女模一樣，寬大的帽沿，炫麗的花朵，會讓妳充滿法國田園氣息。

與香頸的搭配

都說女人的香頸最可靠，如果從女人那裡問不出她的實際年齡，就看她的脖子，是否遲暮，脖子會給妳準確的答案。玫瑰的客人Rihanna曾經就被自己的脖子出賣。

如果香頸承受不住歲月的摧殘，露出灰暗、多皺、粗糙的形象時，美女們的救急祕方似乎就是拿一條有著寬編帶、綴了一朵花飾的頸飾或絲巾做成的花結來掩飾問題。在這炫爛熱烈的花飾點綴下，即便是遲暮的女人也會找到久違的自信。

與包包的搭配

如果說花飾能俊美臉龐、時尚衣服、扮靚心情的話，妝點在包包上的花朵，會讓一個冷峻的女人顯得柔美，讓一個花俏的女人更加繽紛，而讓一個柔媚的女人更加溫柔似水。

女人天生寵愛包包，無論是挎包還是包包，走到哪裡拎到哪裡，但是，有一個頭痛的問題，那就是女人天生對包包的追求和寵愛，很容易造成撞包事件。規避這個問題的關鍵，就是買一朵跟包包般配的花飾，對自己心愛的包包裝飾一番，這樣，即便出現撞包慘案，也不會顏面掃地。

與纖腰的搭配

不要以為今年是腰帶的時代，無論是寬的、細的、誇張的、中庸的，抑或豔麗的、素淡的，總被人選擇來點綴衣服、塑造體型。實際上，胸花改造的腰帶，在這個季節更加流行。

用腰帶裝飾衣服，早已不是什麼新鮮事，用粗編帶綴花飾的帶子裝飾衣服才叫新鮮。長款的衣服，有點鬆散時，拿一條有花飾的腰帶繫上，瞬間將這件衣服改造的萬分時尚。如果是短頭髮的女孩，穿一件寬大的白襯衫，這樣的形象是很隨意的，但如果拿一朵有橘黃色花飾的細腰帶妝點衣服，整個人瞬間會柔和起來，甚至給人一種相當有個性的感覺。

與鞋子的搭配

鞋子只是換換形狀，或者款式已經造不出什麼新鮮了，如果將繽紛的花朵搬到鞋子上，讓一雙原本很普通的鞋子變得很熟女怎麼樣？

現在市面上流行的很多鞋款都帶有鑲鑽或亮片的蝴蝶結花飾，也有牡丹、玫瑰、茉莉花這樣的花飾，將帶有所有花飾的鞋子都買回來有點不切實際，如果買一些與一雙鞋配對的花飾，在不弄壞鞋子的情況下，不停地更換花飾，每次穿時，感覺是不是都不一樣？當然了，鞋子的顏色要跟花飾接近，或者同色系，反差太大，反而會弄巧成拙。

此外，花飾也可以當腳鍊戴，將胸花上的髮圈換成細鐵鍊子，或者黑色雙根的膠線帶，調整長短後，就可以做成精美的腳飾了。

Part 2 看胸部戴胸花

雖然胸花戴哪兒都好看，但有些基本的細節還是要注意的。一般來說，胸花佩戴在胸部時，要以胸部的大小為準，進行佩戴。

● 胸部小，可以根據自己衣服的顏色，選擇一款稍大的胸花，佩戴在胸部偏上的位置，如果是有肩帶的大領口衣服，可以把花飾別於與鎖骨平行偏下的左肩帶上。如果是有衣領的衣服，胸花還可以別在衣領上，領角稍稍偏上的位置最佳，這樣的裝扮，不但可以將他人挑剔的眼光從妳小小的胸部移開，還可以妝點自己的形象，意義非凡。

● 如果妳的胸部大小適中又尖挺，那妳就可以自信地穿大V領的衣服了。佩戴花飾時，可以放在雙乳中間位置，延伸的花瓣既可以幫妳擋住乳溝，還會吸引諸多羨慕者的眼光。如果妳並不會如此大膽地展現妳的風情，那就把胸花別在乳房位置偏下的部位吧！欲語含羞的裝扮，讓妳在風情與正統中遊走。

● 大波美女可不能因錯誤的以大遮大的想法而選擇一款超大胸花，這個不明智的選擇，只會令妳的胸部有大上加大的感覺，大胸美眉適合佩戴體積小的胸花或者由幾朵小花組成的一枝花，小體積的花朵會在無意中縮小胸部面積。大胸美女也可以不戴胸花，對脖子或頭髮進行一定的裝飾，反而更好。

Part 3 胸花最佳佩戴地帶

- 無論領形如何，最佳的位置是在妳左肩的肩胛骨處，這個位置是妳上半身配飾的黃金分割點。如果妳更喜歡別在胸前時，無領的衣服，選擇的最佳位置是左側胸前；有領的衣服上，則選擇別在左側領上。
- 髮型偏右時，胸花應當偏左；髮型偏左時，胸花偏右。
- 穿高領時，胸花要別在衣領底座的側面，或者依舊選擇肩胛骨的位置；腰圍纖細的美女可選擇別在腰上，這會讓妳很個性也很美豔。

此外，胸花的選擇也要與人的膚色和風格一致，如冷色調的人選擇冷色調的胸飾，看起來很女人，很亮麗的女孩就要選擇花俏一點的胸飾等。

玫瑰建議

與套裝的嚴肅、正式不同，胸花不只是佩戴在胸前的一側，它的佩戴位置靈活多樣，如可以戴在套裝衣領的一端，讓妳整個人顯得分外精神，氣質高雅；亦可戴在不太引人注意的衣袋上或袖口，在不經意間流露出妳的風情萬種；當然，也可以弄成長長的頭飾，從額頭繞過來，一直垂到一側的肩膀上；妳也可以選擇或大或小的花飾，做成別致的戒指，修飾妳修長的手指；如果妳有足夠多的閒情逸致，可以將小小的花飾做成耳環或者耳墜，穿一件大花的裙子，如水的溫柔會征服無數的人。

美麗延伸

胸針怎麼樣才不會損壞衣服

將胸花別針別在質地良好的衣服上，會擔心兩個問題，一是別針會在衣服上摩擦出黑印；二是胸花的重量會在衣服上留下明顯的別痕。避免以上問題有兩個方法：

- 在衣服裡面黏上一塊略大於胸針長度的醫用白膠布，之後再別上胸針，就不會傷害妳珍貴的衣服了。當我們用胸針來別絲巾的時候，也可以用這個方法。
- 如果害怕膠布會在衣服上留下膠印，也可以用一塊牛仔布代替膠布，將牛仔布剪得比別針稍長、稍寬一點，別別針的時候，讓別針在牛仔布上多插兩針。

15 胸針花樣新戴法

愛德華八世大概直到下個世紀末仍然是童話裡最最完美的王子情人，為了迎娶離過兩次婚的辛普森夫人而放棄了王位。他在手記裡寫道：「因為選擇愛情，所以選擇結婚；因為選擇責任，所以選擇棄位。」一真實上演的現代童話最終贏得了人們的諒解和王室的祝福。婚禮當天，新國王送出了自己的第一份禮物，一枚鴨形的胸針，鴨頭用帶殼的珍珠打造，鴨嘴用豔麗的橘色珊瑚，眼睛是鑽石。那代表堅貞不渝的鴨形胸針，從此便成了愛情的象徵，人們紛紛訂購，一時間，在全世界颳起了一場流行胸針風。

雖然現在我們很難界定我們別在衣服上的到底是一枚胸針，還是一朵胸花，抑或只是跟衣服連在一起的裝飾品，但有一點無可厚非，從曾經的單一到今天的多樣，胸針伴隨著人們走過了很多個年代。對某些人來說，胸針就是身分的象徵，看一個人是否高貴、富有，看她胸針的含金量便知。

也許現在妳很少看見人們將小小的胸針別在衣服上，但這並不代表胸針的流行一去不復返。就像八〇年代的衣服今天會被拿來當最時尚一樣，短暫的沉寂也許就代表著不久後的大紅大紫。如果妳明白這個道理，同時也想有點小個性，不走尋常路，在冬季來臨時，將一枚金光閃閃的胸針別到灰暗的毛衣上，製造視覺衝擊力的話，就得掌握戴胸針的一些小法則。

Part 1 舊針新戴

- 如果妳覺得戴胸針實在違和的話，其實可以選擇一款很時尚的胸針別於領口處，就像妳衣服原有的裝飾一樣，會營造一種與眾不同的感覺。如果黑色的尖領襯衫別一款金邊多圈圍繞，圈上鑲有黃鑽的圓形胸針，會讓妳整個人一下時尚起來。
- 如果妳的V領開口開得過大，而妳又想保守一點的話，不妨將幾款小巧精緻的別針不規則地別在V領口，甚至可以將兩、三個小胸針串連在一起，然後別在衣服上，那一道道不規則形成的線條，會為妳擋去不少的裸露，性感也在別針的空隙中若隱若現。
- 戴著一款麻質的灰色圍巾，是不是顯得單調了點，選一款亮鑽或顏色粉嫩但很大器的胸針別在圍巾上，不過，不能別在下巴下，要偏左或偏右。也可以將胸針別於較短的一邊圍巾上，最好在鎖骨稍下兩公分的位置。如此戴法是不是既點亮了圍巾，又美麗了妳整個人？
- 特別搶眼的胸針可以別於小背心的口袋邊沿處，也可以別於牛仔褲口袋上，能讓人耳目一新。

Part 2 胸針禁忌

- 穿著一身質料高檔的衣服，就不能佩戴塑膠、玻璃、陶瓷為材料製成的胸針，漂亮從無廉價，但品味有。
- 年輕就是最美的裝飾，選擇胸針上材質不拘，別一味追求珠光寶氣。
- 款式跳脫，色彩繽紛的衣裙保持它的絢麗吧！不要搭配沉重、金屬感極強的胸針。
- 別在袖口的胸針一定要與衣服的顏色有很大的反差，不然戴與不戴沒有任何意義。

美麗延伸

三按摩法助長乳房

- 熱敷按摩乳房：每晚臨睡前用熱毛巾敷兩側乳房三至五分鐘，並從左到右按摩胸部二十至五十次。每天堅持做一次，堅持二至三個月，能得到驚人效果。
- 側推乳房：用左手掌根和掌面自胸正中部著力，橫向推按右側乳房直至腋下，返回時用五指指腹將乳房組織帶回，反覆二十至五十次後，換右手按摩左乳房二十至五十次。
- 體育鍛鍊：參加游泳運動有助於雙乳健美。

16 搭出品味，好衣還得好飾搭

如果拿一朵小小的胸花做為上衣拉鍊鍊頭，是不是讓妳看起來很醒目，而且別具一格？還有，將現有的精緻胸針用膠線帶串起來，是不是就可以做成一款不錯的毛衣鍊子？不上班的日子裡，妳可以把胸針夾在妳盤起的頭髮上，真是一飾多用，資源毫不浪費。不過，不管怎麼變化花樣，妳那些美麗的胸飾還是跟衣服搭配的機率最高，怎麼樣跟衣服搭配才能將飾品的意義發揮到最大，還得花點心思。

Part 1 花與衣之美

在搭配衣服前，不妨分析一下胸花顏色的特質，一般來說，白色系列胸花高雅、純潔；粉色系列胸花甜蜜、溫馨；紅色系列火熱、奔放；紫色系列胸花浪漫、神祕；橙色系列胸花健康、成熟；黃色系列胸花溫柔、平和；繽紛的胸花則顯得跳躍、多變。這些花色與上衣搭配時：

- 米黃色的上裝宜與之相呼應的胸花搭配，比如紅色、橙色、黃色等。黃色系（半黃、淡黃、深黃）是暖色調，與暖色調的胸花搭配，才不至於失衡。當然，衣服的顏色和胸花的顏色稍稍有點差別最佳，比如米黃色上衣搭橙色胸花等。若穿一件玫瑰紅的羊毛衫，別一朵銀白色的胸花，就能給人活潑俏麗、豔而不俗的美感。

●單色上衣或深色連身套裝配上色彩鮮豔、充滿活潑動感的胸花，成熟穩重中不失嫵媚，讓美女高貴大方的形象躍然眼前。比如灰色絲線長款衣服搭一款由好幾種顏色組成的胸花，會讓原本沉穩的自己多出一抹豔麗；純黑、純白的衣服搭配大紅、玫紅、炫紫的胸花效果驚豔，比如黑色的背心上別一朵大紅的胸花，衣服原有的感覺會發生翻天覆地的變化。

●色彩柔和、式樣簡約的珍珠金粉胸花，或是質感飄逸的絲絨緞帶胸花，與職業套裝構成了典雅的貴族氣派，給人乾淨俐落的感覺，是OL的最佳選擇。

●灰色、黑色、深灰色、褐色、深棕色的胸花，可別為了形成反差與亮顏色的衣服搭配，除了白色外，粉色、黃色、紅色等衣服色澤都不宜與這類花色搭配。

●不要以為色彩繽紛的連身裙就不能與色彩繽紛的胸花搭配，實際上與裙子同材質、同顏色的蝴蝶結大胸花，會讓女人的柔美氣質更加突出。如果再配一雙同花色的花朵大耳環，更具特色。

Part 2 物與衣之美

不管胸針與什麼材質、款式的衣服搭配，遵循的第一個原則就是協調。如果妳穿了一件絲質潑墨畫圖案的裙子，卻還要戴一枚小到完全忽視的別針，那乾脆別戴更好。具體來說：

- 穿西裝時，一定要選擇夠分量的胸針，選一款夠大、材質夠好、款式夠簡單俐落的胸針，不但能點亮妳沉重的西服，還能提升衣服的檔次。
- 穿襯衫或薄羊毛衫時，可以佩戴款式新穎別致、小巧玲瓏的胸針。衣服顏色很單一時，小巧的胸針就一定要夠搶眼，漂亮又獨特的款式是首選。
- 半高領的休閒服，佩戴造型簡單、線條俐落的胸針，則會讓人洋溢出一種青春浪漫的氣息。
- 短衣、短褲向來就是現代浪漫少女的裝束，如果妳再插一枚樹葉形的簡單胸針，就更俏皮可愛。
- 服裝線條不對稱、不規則的服裝，比如斜斑馬紋的那種服裝，從視覺上給人一種不太舒服的感覺，如果在胸部稍稍偏上位置別一款色彩明亮的胸針，感覺上可起到平衡的作用。
- 如果妳的西裝看起來很嚴肅，穿起來讓人一本正經的樣子，這時就可以選擇一款鑲鑽或顏色較為透亮的胸針別於衣領上，能給妳在莊重之中增添幾絲活躍的動感。
- 如果妳的服裝色彩很簡單，可以選擇一款設計較為繁瑣複雜的胸針，這照樣能讓妳在高貴與端莊中顯出獨特的風采。

- 如果上衣色彩紛呈，裙子或褲子顏色較深，胸針一定要跟褲子或裙子的顏色一致。

珍珠建議

佩戴胸花和胸針，意在畫龍點睛，襯托別樣氣質。如能正確掌握衣與胸針的合理搭配法則，一定會起到不同凡響的效果。

美麗延伸

保養乳房的六忌

- 忌強力擠壓。
- 不要穿不合適胸罩，最好能給自己購買較貴又舒服的內衣。
- 不要用過冷或過熱的浴水刺激乳房。
- 必須經常清潔乳房，不要讓乳頭、乳暈部位不清潔。
- 不要過度節食，也不要為了達到豐胸目的使營養失衡。
- 不要用激素類藥物豐乳。

17 想博版面，就應看場合選胸飾

珍珠說，如果她的某位客人穿著看起來有些可愛的連身裙，胸口處別著一個鑲滿精美的鑽、純白金質地，看起來正經八百的胸針，一本正經地出現在她面前，她一定會當場瘋掉。而玫瑰認為不看場合亂戴胸花，那才會叫人瘋掉。曾經她參加一晚會時，有個美女就在她絲質的夕陽紅長裙上別了一個淺藍、深藍、藏藍三色組成的孔雀胸針，這跟晚會輕鬆的氛圍完全不搭調。看到這一幕的那一刻，玫瑰恨不得變魔術，變出一朵與裙子顏色、材質一致的胸花代替那搶眼的孔雀胸針。

都說看場合選衣服難，看場合選對衣服再配對胸飾那更是難上加難。所以，出席一些晚會，參加休閒活動抑或上班時，想扮靚的我們一定要視場合選胸花（針）。

● 晚會：禮服搭配的胸花或胸針，其實並不是太艱難的任務。但如果妳第一次參加Party，沒有合適的禮服的話，可以選擇一條色澤較為明快，裙尾設計不走中規中矩路子的紗質或絲質連身裙，然後選擇一朵與裙子顏色反差不太大的胸花，或者設計獨特、樣式新潮時尚的胸針，中規中矩的飾物請敬而遠之。

● 會客：可以不戴，或者選擇規矩的、線條簡單的。材質要大器，真金、白銀、珠寶、玉石才夠分量，這一點也不庸俗，既然場合如此隆重，妳總要看得起妳的客人。

● 職場：職業套裝改良得再時尚亮麗那仍是職業套裝，所以最好搭配簡約別致的胸飾。妳可以將這款別致的胸針別在衣領上，擦亮妳的視覺，也可以別到胸前，還可以別在口袋和袖口，凸顯妳的個性。就胸花來說，除非是線條非常簡單的，要不然不適合與套裝搭配。

● 休閒：出去逛街，與朋友聚會或者去郊外散步，穿的衣服一般都很隨意和舒服，所以除了太過死板的胸針外，胸飾的選擇餘地較大，以胸花的選擇機率最高，比如用花朵胸飾搭配針織衫或綢緞質料的裙裝，蝴蝶形花飾裝扮可愛風格的服裝，造型繁多的胸飾與硬朗材質的服裝搭配，棉布大T恤與黑色的大胸花搭配等。

美麗延伸

婚禮胸花的佩戴

- 如果妳是正式場合中的司儀、特別來賓、頒獎人，都有資格戴胸花。
- 在婚禮中，新郎、伴郎、招待、司儀及新娘的父親都需要胸花，新郎的胸花，通常是新娘捧花中的主花。
- 選擇跟新娘捧花一樣的花朵，提前做成花飾，婚禮開始前戴於新娘、新郎胸部即可。
- 男士胸花一般別於西服左胸袋扣眼，如果沒有現成的扣眼，胸花別於西服領上，花梗垂直向下，對準鞋子的位置別好即可。

手腳並用，「臂」不可少

一場史無前例的大型拍賣會在舊金山舉行，舉辦這次拍賣的是一家世界頂級拍賣行，拍賣的物品全都來自世界各地的奇珍異品，比如古老的字畫、出土的文物、皇家王冠玉器、滅絕物種化石等等。從實實在在的物品到虛擬數字，從頂級奢侈品牌到無法追溯年代的製作，從皇家貴族物品到平民百姓所有，這是一場見證世界歷史與文明的盛會，拍賣會上充滿歷史韻味的物品吸引世界各地有錢人蜂擁遝至。

珍珠聽說拍賣會上有幾款Cartier的百年珠寶飾品，還有來自古老中國的皇宮翡翠手鐲，滿心歡喜，對喜歡收藏古舊手飾的她來說，這可是挖寶的最佳時機。玫瑰也想去，因為瑪莉蓮‧夢露、奧黛莉‧赫本、葛雷哥萊‧畢克這些已故大牌明星的後人，拿了明星們生前穿過、戴過或用過的飾品來拍賣，其中讓玫瑰最感興趣的就是奧黛莉‧赫本披過的一款亞麻色線織披肩，披肩的樣式非常簡單，但玫瑰能想像中年時期的赫本披著它坐在冬日陽光下，金色的陽光灑在她的肩上，她閉著大大的眼睛，享受清閒的唯美情景。玫瑰想，如果自己搶到這件披肩，不戴只是收藏，也會讓自己變得超凡脫俗起來。除了披肩，還有一雙Givenchy的黑色手套，那是一九六一年，赫本在電影《第凡內早餐》第一次出現時著裝中的一部分。對無數次溫習《第凡內早餐》，將赫本做為終生偶像的玫瑰來說，那是一個有著致命誘惑力的造型：由Givenchy專門為她設計的黑色裙裝，黑色的長手套，TIFFANY的珍珠項鍊，高高挽起的髮髻，左手中的咖啡杯，右手中的牛角麵包，就一瞬間，她的形象成為了電影史上永垂不朽的豐碑，她極盡完美的造型，至今被眾多明星所效仿。想要獲得她那

Chapter 5

身驚天造型的所有裝備，完全是異想天開，但如果能拍到其中一件，即便是一雙手套，對玫瑰來說都是致命的驚喜。此外，一款二十世紀初，一位名模拎過的包包，玫瑰也相當喜歡，她將包包做為了不虛此行的最底線。

一如珍珠、玫瑰料想到的，拍賣會場人山人海，他們擠入奢侈品拍賣館後，廢了九牛二虎之力才找到了兩個座位。明豔的女模身著或歷史悠久、或造型獨特、或宮廷、或坊間的精美絕倫的手飾，款款從眾人眼前走過。

大概半小時後，一位身著旗袍、挽著秀美黑髮、繡花鞋、畫著古典妝容的東方美女亮相，珍珠的心都跳到喉口了，因為她最最喜歡的皇宮王妃戴過的翡翠玉鐲現在就戴在女模手腕上，那明亮的色彩，綠的不透任何雜質，手鐲上的光澤，如同剛剛加工打磨過一樣，泛著讓人心動的柔光。珍珠出了一百萬，但兩百萬的舉牌馬上粉碎了她急切的期待。珍珠一橫心，順著嗖嗖直上的價位，出到了五百萬。但最終，一個未曾露面的人，以一千萬的天價買走了那有著幾百年歷史，據說是清朝開國國君母親戴過的玉鐲子。珍珠鬱悶至極，借用她的話說那就是橫刀奪愛。

後面的情況也不怎麼樂觀，雖然她喜歡的飾品都拍賣完了，但因為抵不過別人開出的天價，她只能割愛放棄。

珍珠的遭遇讓玫瑰覺得，今天自己看來也是白來了，看看其他搶拍者的實力，她完全就成了這一會場裡充人數的。不過，不管結果多糟糕，玫瑰覺得還是應該等著自己喜歡的物品塵埃落定到他人手中後，再離開為好。

一位與赫本有著幾分神似的女模款款走入人群視野，她穿著跟當年《第凡內早餐》中赫本一模一樣的黑色裙裝，戴著那雙黑色的手套，挽著頭髮，戴著珠寶，那樣子宛如赫本再世。因為女模神似的著妝點燃了拍賣場氣氛，手套的拍賣價格也是呈直線上升。就像失望的珍珠一樣，玫瑰也很失望。拍賣會結束了，她喜歡的物品一件都沒撈到。

「妳看到了嗎？那畫著大紅口紅，樣子極其猙獰的闊太太，一拿到手套就戴在了手上，儘管她也穿了黑裙子，可是她肥嘟嘟的手臂，寬寬的肩膀跟那雙手套完全不搭配。」回去的飛機上，玫瑰向珍珠牢騷道。

「妳這叫吃不到葡萄說葡萄酸。我倒是很好奇我那玉鐲子讓誰標走了！」珍珠一臉迷惑加失落地說道。

「可能是某某家族企業新任老闆的老祖母！畫著紅紅的口紅，戴著珍珠大項鍊，穿著碎花的旗袍，盤著滿頭銀絲，然後乾瘦如柴的手上戴著那錚錚發亮的綠翡翠鐲子。」玫瑰大開想像力。

「告訴妳，翡翠手鐲可不光是祖母的選擇，青春洋溢，水嫩鮮活的年輕美眉才能將那翡翠鐲子養到最好！對了，那黃頭髮、藍眼睛的高個美女拍下那款有著緋紅色絨毛、亮灰色皮質、金邊的包包時，妳牙齒咬得格格響，當時是不是快氣瘋了？」珍珠取笑玫瑰道。

「更正，我生氣不是我沒拍到，關鍵是她的那身裝扮太帶衰那包包的氣勢了。黑色的職業套裝配上晚會時最搶眼的包包，完全是牛頭不對馬嘴嘛！」玫瑰憤憤地說。

「別鬱悶，回國後，我們找國內廠商訂做，雖然是仿貨，但配對了衣服，照樣可以當成真品來賺取高回頭率。」珍珠建議說。

「我倒真想研究一下，除了赫本那驚世駭俗的造型外，那雙手套還能跟什麼衣服搭配亦能創造更驚豔的效果。還有那款披肩，我想有十多種款式的服裝亦能跟它搭出驚人效果。」玫瑰對未來突然充滿了憧憬。

就這樣，兩位年輕的設計師，一路抱怨著、快樂著、熱情著、憧憬的奔向她們的工作室，開始她們又一天的燦爛造型工作，相關披肩、手飾、包包的搭配與選擇，也成為了她們造型工作中重要的一部分。

18 披肩，披出來的別樣風情

比起圍巾、手套之類的裝飾，披肩的魔力之處就在於能瞬間將一個普普通通的人妝點得高貴雍容。亦如裸露的肩膀受到披肩的呵護，感受溫暖一樣，一個人的浮躁和跳動因一條披肩的出場而消失殆盡，取而代之的是一種成熟的穩重。

披肩做為圍巾、絲巾的衍生物，在這個潮流湧動的時代，已經不僅僅將大圍巾當成披肩裹住整個肩膀那麼簡單，手法精湛，巧奪天工的設計師們總是在一件原本普普通通的布料上大膽一裁，然後輕輕將布料裹住左肩膀，在右肩膀處細心一繫，一條肩部有裝飾的斜披肩就出現在了人們眼前。或者拿起毛線，快速幾針下去，一條三角形毛線織品完工了，這個時候在邊沿處做做小文章，繼續織出另一條三角形織品，將中間部分留出的空洞往頭上一套，前後一拉，一條有流蘇的三角形粗毛線大披肩即橫空出世。

哎呀，披肩的種類太多了，線織的大方巾，絲綢大花的方巾，印有孔雀圖案的長圍巾，白色羊毛針織鏤空衫，白色或米白色貂皮坎肩，冰絲混合金絲織成的網狀大披肩等等，它們都可以弄成披肩，也可以被稱之為披肩。

不過，並非是每件衣服妳都可以披披肩，也並非是每件披肩都可以往任何衣服上配。就像髮型配臉型一樣，披肩也要選擇對的、合適的才能給妳的形象加分。

Part 1

披在衣服上

一般來說，高領貼身帽T（白色、淺黃、淺粉）與灰色的粗毛線編織的鏤空披肩搭配，頂一頭烏黑短髮，穿一條褲管寬鬆的暗色調靴褲，蹬一雙白色鏤花短靴，一個經典的秋味十足的美女形象就誕生了。如果妳還想給自身添加點時尚元素，可以戴一頂白色的鴨舌帽。帽子與靴子上下呼應，妝點出妳的青春亮麗，而厚重的灰色粗毛線披肩壓住了白色或淺粉高領帽T透出的薄嫩感，帶來一種半熟半嫩中的獨特韻味。

一件粉嫩的低胸短款禮服，或一件黑色的長禮服，在秋冬兩季穿出來參加晚宴，雖然美麗，但有些凍人，這個時候，為粉嫩的低胸禮服配上一件白色坎肩式狐皮披肩，而給黑色長禮服配一件白色皮毛長圍巾當披肩，會讓人與季節協調很多。當然，根據禮服的顏色，也可以選擇黑色皮毛的披肩。

值得一提的是，搭配昂貴的皮毛披肩時，一定要將頭髮挽起來才夠味。如果晚會的含金量不高，就是一般的年輕人聚會的話，不一定穿如此昂貴的毛皮披肩，選擇一件好看的細肩裙，自然鬆散地挽起頭髮，圍一件看起來像大大的蝴蝶結的絨毛披肩，微微露出香肩，既性感又不過分華貴，是青春晚宴的明智之選。此外，將寬約七公分、一公尺多長的絨毛圍巾在胸前交叉成十字，用別針固定，與低胸裝搭配，也能讓妳成為年輕人晚會上的焦點。

那種站著時像合上的雨傘，張開雙臂時，像中間破洞套在人身上的荷葉般的灰色披肩，搭配可愛的套裙，或者高領的大紅毛衣，都會讓整個冰冷的季節顯得格外溫暖。

夏季，年輕的女孩用不著披一件厚重的披肩來增加自己的魅力，而三十至四十五歲之間的熟女們，出去與友人相聚，或上高檔的餐廳用餐時，可以給自己準備一款薄薄的白色或灰色的羊毛長披肩，席間披在身上，既能抵擋空調帶來的涼意，又能妝點個人成熟魅力，還能與高檔的氛圍協調一致，可謂一舉多得。

高貴的皮毛製披肩，搭配那種高雅的衣服，如禮服才會體現它的檔次。如果一件粉色的高領帽T搭配一件白色坎肩式狐皮披肩，就會給人一種品味有問題，或惡意顯擺卻顯擺不到位的嫌疑。而粗毛線或看起來有點特色，但質料並不昂貴的披肩，與毛衣、可愛的裙子、帽T搭配就會比較協調。

再次強調的是，羊毛披肩或羊絨披肩具有很好的保暖效果，質感還會帶來成熟的印象；手工織成的、來自於高寒綿羊羊毛的披肩雖然鋪開來很大，但折起來只有薄薄的一條，方便又暖和，輕薄帶來的女性味更讓人留戀；編織披肩的手工痕跡重，具有濃郁的民族味，可以搭配任何價位一般、稍帶休閒的衣服。

另外，將線織的長圍巾預備在公司內，如果穿著套裙感覺手臂發涼時，就可以將長圍巾輕輕穿過背部，將兩端纏在手臂上，既好看又保暖。

Part 2 披在鞋、包上

披肩除了跟衣服要得體搭配外，跟鞋子、包包、妝容的搭配也很重要。與羊絨大披肩搭配，選擇的包包或挎包一定要夠大器，鞋子和妝容都要端莊、大方；與花色突出的針織披肩搭配，包包要選擇那種與披肩花色相同的包包，妝容應清新、淡雅，進而給人一種華麗與素淨完美交融的感覺。

Part 3

披肩的各種繫法

如果我們的衣服太過簡單，或者我們想用披肩營造出一種全新的韻味的話，那還得會披披肩，也就是說懂得披肩圍法。最常見的是包裹式，將大披肩從背部繞過來，再包住整個脖子以下的部位。因為這種圍法既暖和又能演繹出柔美、溫馨的女人味；如果將披肩對折，披在左肩膀，右肩處繫成漂亮的花朵形狀，將大波浪捲髮紮成一根低低的辮子垂於左肩，會讓妳的女人味更濃烈；第三種繫法是，將披肩鬆鬆地斜搭在肩上，營造高貴、典雅的效果；參加夏季晚宴時，可以將絲質披肩當成腰帶繫於腰間，做出花朵形狀，會讓整個人看起來更加嬌美。

珍珠建議

價格昂貴、質地優良的冰絲流蘇長披肩，也可以穿到晚宴上，比如穿有黑色絲質圓領緊身衣，大器的裙褲，紅色的高跟鞋時，就可以搭一款白色高貴的冰絲流蘇長披肩，披肩的長度一定要夠及膝蓋，這樣整個人將會更加大器優雅。

美麗延伸

手臂粗壯減肥操

- 一有閒暇就用力地做360度晃手臂運動，每天堅持。
- 時刻揉捏手臂肥肉，直至皮膚發熱、發燙為止，這樣的揉捏可很好地燃燒多餘脂肪。
- 勤做簡單瘦臂操：雙手盡量的向前伸直，兩腳分開站立，寬度與肩同寬；雙手畫圓，向內畫二十圈，向外畫二十圈，一次要做三組。

19 流行手鍊，讓妳野性或恬靜

相較腕錶的大方得體，手鍊的意義就純粹是裝飾所用，而且佩戴機率相當高。其實，不管戴什麼樣的手鍊，都能起到妝點作用。但是，想要達到裝飾的最高境界，遵循基本的搭配原則還是非常必要。

Part 1 鍊鐲與手腕的糾纏

如果妳的手腕很纖細，手也是小小的，帶一款或兩款大口徑的琉璃手鐲，不但容易掉，看起來也很彆扭。一般來說：

- 手腕纖細、骨骼不明顯時，可以選擇任何好看的手鍊，銀質、金質、玉石、瑪瑙，任何材質都可以佩戴。當然，手腕纖細，手鍊的體積就不能太大，比如大顆粒的瑪瑙，大顆粒的五彩石等。一般來說，戴在纖細手腕上的鍊子還能塞進小拇指的話，它的寬度剛好，再大就會產生失調感。選擇大口徑的手鐲時，可以選擇那種能掰開一端，然後緊緊套在手腕上，看起來很有立體感的。

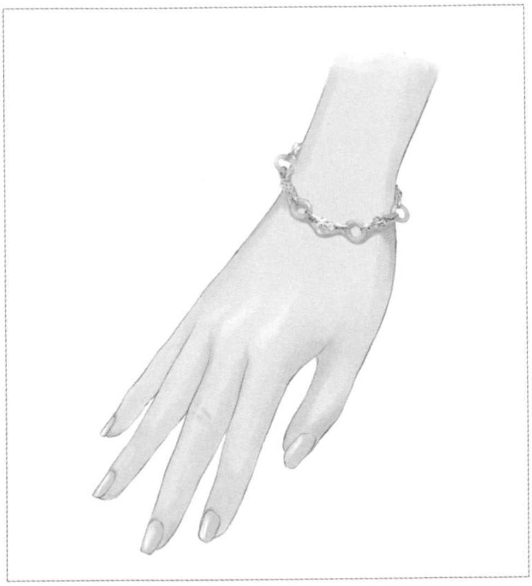

- 手腕纖細、骨骼較明顯時，可以選擇佩戴兩條鍊子，讓手腕更柔美，比如兩條亮亮的琉璃珠子手鍊，或者兩條彩色的水晶項鍊等。
- 手腕豐潤、骨骼不明顯時，可以選擇款式稍寬的造型鍊，或主題鍊，用漂亮的造型修飾圓潤的手臂，或用某個主題來點綴手腕的豐潤。這樣的選擇會讓妳亮麗大方。
- 手腕豐潤、骨骼明顯時，可以選擇設計獨特，樣式別致的造型鍊，也可以選擇那種搶眼漂亮的主題鍊，進而使人將眼光從妳的手腕移開，轉移到手鍊上。

Part 2 鍊鐲與服裝的情緣

根據不同的場合，選擇不同的手鍊、手鐲，人的氣質和品味將更加突出。

- 參加宴會，不妨素頸登場，同時戴一款更為典雅高貴的手鐲，比如鑲寶手鐲、金銀手鐲、鑽石手鐲（或者手鍊）等，在諸多更關注耳環與包包的美女中，妳是幽居的才女，風情散落在第二眼，餘韻不盡。
- 穿著隨意的衣裙時，可依據身分、年齡、場合、氣質等因素，佩戴一個或多個手鐲（鍊）。比如為T恤、牛仔服、休閒服配上幾個造型誇張而又奇特的手鐲（鍊），立刻會塑造出一個動感十足的青春亮麗形象。
- 如果妳喜歡穿傳統的民族服裝，或者總是以長裙、細肩帶背心示人，不妨多戴幾款手鐲（鍊），如果妳個子夠高，手也長得很大器，寬口徑的琉璃水果色手鐲就相當合適，根據衣服的顏色，選擇兩款或者兩隻手都佩戴，會讓妳更加時尚。

- 服裝款式很簡潔，顏色單一時，可以戴花式手鐲（鍊），或顏色較為鮮亮的手鐲（鍊），這樣可以增加一種修飾美。
- 服裝的質料如果是柔軟的絲綢類，有很好的質感，那麼佩戴的手鐲（鍊）一定要跟這種柔軟的質感相配才好，比如金、銀手鐲或鑲寶手鍊，不但能襯托材質的優良，而且還能烘托氣質，勾勒一幅和諧的畫面。此外，身著裘皮大衣時，金手鍊或鑲寶金手鍊也會使妳更加雍容華貴、氣度不凡。
- 穿旗袍或傳統服裝時，佩戴一款翡翠、玉石手鐲，不但與古典的衣服融為一體，還能營造古典端莊之感。

此外，選戴手鍊時，還要考慮服裝的顏色。當妳身著淺黃、中黃、棕色系列的服裝時，戴上透明的琥珀手鐲，會很好的中和身體顏色，並給自己一種純潔高貴感。還有，穿一身深顏色的服裝時，佩一個淺色或白色手鐲，會有一種很好的跳躍感。

有時候，手鍊的顏色可以跟內、外服裝的顏色達到和諧一致，比如內穿一件褐紫色的襯衫，外著一件灰白色短袖套裝，在手腕上戴一款紫水晶與透明水晶組合而成的手鐲（鍊），就是相當完美的搭配；再比如身著白與藍組合的花色連身裙，腰間束一條藍色皮帶，手腕上戴一個與腰間同色的藍色手鐲，可形成色彩的交相呼應。

珍珠建議

手鐲（錬）正確的尺寸，以戴上後尚有一根手指的空隙為好；手腕較細的人，不宜戴過大的手鐲（錬），這會襯得手腕更細；豐潤圓滿的臂腕，適合寬而鬆的手鐲，細而緊的鐲子會使臂腕顯得更加粗大；如果選戴一個手鐲，應戴在左手上；戴兩個時可每隻手戴一個，也可都戴在左手上；戴三個時應都戴在左手上，不可左右手分開來戴；手錬一般只戴一條；如果要手鐲跟手錬一起戴的話，手錬帶左手，手鐲帶右手；戴兩個以上手鐲（錬）就不宜再佩戴手錶。

美麗延伸

珍貴翡翠勤保養

- 翡翠也要休息：定期進行翡翠清洗，浸泡清水三十分鐘，然後用柔軟的乾毛巾一擦，各種腐蝕翡翠的髒物即可一掃而光。
- 盛夏的保養：夏季身體容易出汗，汗液中的化學物質加環境中的某些化學物質，難免對翡翠造成危害，所以夏季最好不要隨意把玩翡翠，每天堅持用毛巾擦拭，不要讓洗面乳、沐浴乳、洗髮精等酸鹼性物質沾染翡翠。
- 翡翠怕高溫：避免強烈陽光直射，蒸桑拿或泡熱水澡時最好拿下翡翠飾品，當然翡翠更不能與火直接接觸。

20 魔戒出動，換指換形

帶著三個美麗的傳說，從遠古的時代一直流傳下來，戒指以它獨有的魅力征服著無數離經叛道的人遵守內心永遠的約定。當然，不管戒指是否由部落男子搶來的婦女身上的枷鎖演變而來，還是因對太陽月亮的崇拜打造的日輪、月輪轉型而來，抑或是結婚女性自我約束警告的禁戒，時至今日，它的意義已經不僅僅是承諾的兌現。我們戴著它，不過因為它好看。

Part 1 五指各有所好

拋開一切條條框框，我們就針對自己的手形，選一枚美到讓人咋舌的戒指吧！

- 食指是五指中最靈活、最具主張性的手指，選擇戒指時也一定要選取那種具有突出的特徵，有著強烈存在感的才能與之搭配，戒指的形狀宜縱長，鑲嵌的寶石一定是大顆粒又高高凸起的那種。
- 中指是五指中最長的一根，有著很強的突出性，加上它又

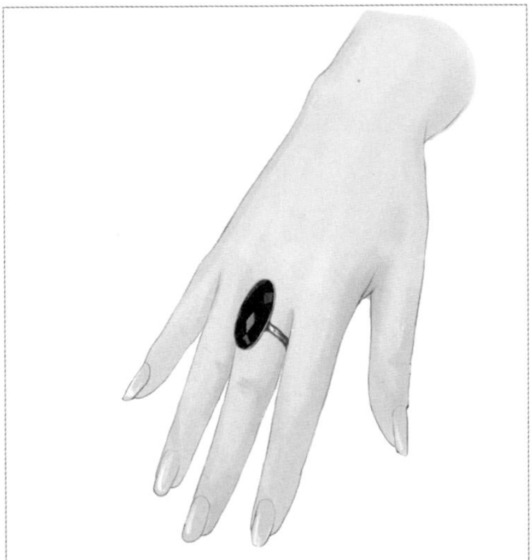

位於正中，選擇戒指時一定要選具平衡感的，比如方形（正方形、長方形）、十字形、橢圓形等形狀的戒指，都具有很強的平衡性。

● 無名指雖然無名，但卻是五根手指中最好看的一根，將精美的戒指戴在上面，會讓整個手形看起來更加漂亮。所以，為無名指選擇戒指時，一定是那種典雅、名貴，華麗的純金、白金、珍珠、鑽石質地的戒指。

● 小指最嬌小，選擇時一定要配合指頭的嬌和小搭配纖細、小巧的款式即可。

Part 2 指形需要講究

● 肉肉的富貴手，不適合戴堆砌過多的嵌寶戒，而應選指環式的線戒。當然，太小巧的戒指戴在胖胖的手指上，有時會有被肉肉的手指淹沒的感覺，所以，選擇的戒指一定是有些大器，上面只有一顆寶石，並足夠突出的較好。手指豐滿且指甲較長，可選取圓形、梨形及心形的寶石戒指，也可選用大膽創新的幾何圖形。

● 手形纖長，手指修長勻稱的，不管戴什麼形狀、什麼材質的戒指都會相當美麗。當然，手漂亮，就不能用廉價的戒指打發，鑲鑽、白金、寶石的戒指不但會為手指加分，還能為妳的品味加分。

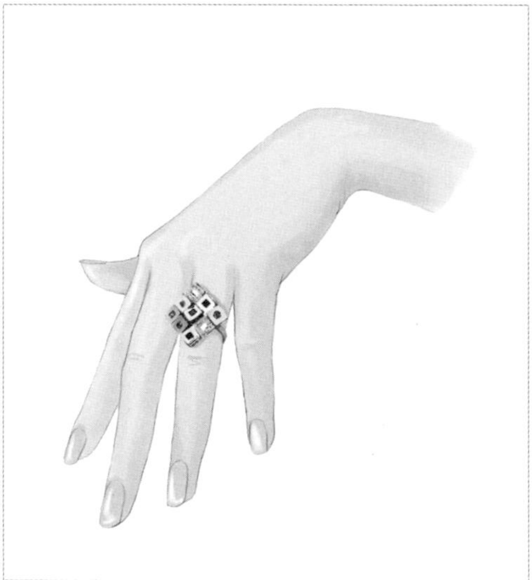

● 手指短小，應選用鑲有單粒寶石的戒指。如橄欖形、梨形和橢圓形的戒指，指環不宜過寬，選擇窄邊的即可，這樣才能使手指看來較為修長。對手指短而扁平的美女來說，戴上蛋形、菱形、長形的戒指，瑕疵會被抵擋很多。

● 如若手指特別纖細，就應該選擇小巧精緻又足夠華麗的戒指，尤其是戒指上面的造型要夠突出，比如一朵太陽花，一隻可愛的小熊，一隻由鑽石組成的鳥等。纖細戒環上的立體修飾，會飽滿手指。切忌任何沉重感的大型戒指佩戴在纖細的手指上，都會令人有不堪重負之感。

Part 3 膚色也要計較

選擇戒指時，不能只顧好看，實際上，妳還應該按照妳手指的膚色自行斟酌所選戒指是否最佳。一般說來，白皮膚的人選擇餘地較大，白金、銀戒、粉彩系列的透明寶石戒戴了都相當有感覺，其餘深色的寶石戒則要視衣飾情況而定，一款綠寶石的戒指跟一件綠色的晚禮服搭配會顯得人既高雅又大器；膚色深的人適合戴黃金、K金或較粗的戒指，避免佩戴珍珠、鑽石等淺色戒。

Part 4 指甲油不可忽視

如果讓指甲油跟戒指演繹出完美的時尚，那就要讓兩種顏色相互交融，一般K金或銀戒，任何色的指甲油都很搭配；若是戒指上鑲的寶石有顏色，指甲油顏色的選擇就要慎重了。

近膚色的指甲油，大部分寶石戒都能與之協調搭配；紅色系鮮豔指甲油則要搭配紅寶石、翡翠等色彩強烈的戒指；淺粉色系的指甲油則能與珍珠、鑽石戒搭出完美效果，不過就寶石戒指來說，紅寶石戒指能完美地與粉紅色系列指甲油搭配，而藍寶石戒指就不能與之搭配。

Part 5 服裝同是關鍵

在美女雲集的宴會場裡，禮服與珠寶戒指搭配似乎是凸顯雍容華貴再好不過的裝扮。不過，穿著紅色晚禮服，配上一枚大大的紅寶石戒指是不是就美得無可挑剔，實際上四個字可以形容：「俗不可耐」。黃色寶石與紅色衣服搭配，效果不佳，總有種沒有洗淨衣服或手指的髒兮兮的感覺。轉一圈，妳會發現，其實與紅色晚禮服或者其他紅色系服裝更能搭配的是一枚淺藍寶石戒指，或者白金、珍珠戒指，這會給那抹跳動的紅增添不少的高貴氣息。綠色衣服搭配綠色寶石戒指，還能看得過去，不過也會產生一種個性太突出的感覺，所以，倒不如選用同色系但濃淡有異的橄欖石戒指或一枚黃玉、翡翠質地的戒指會讓人更可愛。

玫瑰建議

選擇的戒指一定不能單獨地只考慮手形或手指膚色，還應該考慮與之協調存在的手鍊、手錶、長袖衫的袖口顏色等因素。戒指與手鍊在造型上應直線配直線、曲線配曲線。和手錶搭配，應金配金、銀配銀，鑲鑽的手錶與鑽戒搭配等；身體苗條、皮膚細膩者，戴嵌有深色寶石會更襯皮膚；身材偏胖、皮膚偏黑者，宜戴嵌有透明度好的淺色寶石，戒環要寬。

美麗延伸

五指戒指傳遞不同訊息

妳習慣於將戒指戴在哪根指頭上呢？戴之前妳瞭解其含意嗎？

- 食指：單身訊息，是未婚的徵召，也表示想結婚。
- 中指：正在熱戀中。
- 無名指：戴這根手指的人正大膽地向人宣布她（他）已訂婚或結婚。
- 小指：現在是獨身，有離婚嫌疑。
- 大拇指：一般不戴，戴了有兩種可能，富人自我顯擺，還有就是正在有目標地追求對方。
- 戒指應戴在左手上，結婚戴戒指時一般是男左女右。右手一般不戴戒指，如果有人在右手無名指戴了戒指，表示具有修女的心性。

21 百變包包，變出一段驚豔的魔法

時尚聖經裡有種說法是，一個女人可以全身邋遢，唯獨兩樣不可怠忽，一個是鞋——這自然，它要帶著我們走萬水千山；另一個，是包包。

Part 1 包包是低調惹眼的飾品

當妳覺得妳已經無法跟上時尚奔跑而去的腳步時，那就不要夸父追日，累死自己。而是拿出妳的那些舊包包好好研究怎麼跟妳櫥櫃裡未開封，或只穿過一、兩次的衣服搭配吧！首先，妳得懂得衣服和包包顏色的搭配：

- 包包和衣服可以走同色系搭配，比如一件綠色的衣服可以搭配一款綠色的包包，即便顏色不完全一致，也可以是同一色系的，比如深咖啡色套裝搭配駝色包包，黑色T恤搭配咖啡色包包等。這樣的搭配法，對有些害怕顏色衝突導致別人側目的美女來說，是最穩當的。
- 包包和衣服強烈對比色搭配，就像大紅的衣服搭配純黑的包包一樣，兩種顏色間的反差是強烈的。反差色最好是暗色調搭配明色調，比如黑色的套裝搭配大紅的包包，再繫一條大紅的腰帶，穿一雙黑色的高跟鞋，典雅中充滿高貴，魅惑中流露出一絲神祕。黑色的衣服也可以搭配拋光的亮漆皮白色包包，玫紅的晚禮服搭配一款黑色的包包等等。

● 中性色搭配點綴色，這就好比一大簇葉子上有一顆大大的水珠一樣，完全是讓人驚喜的點綴。比如一身紫色的衣服搭配一個玫紅的包包，再穿一雙紫色的高跟鞋，紫色原本就是性感的顏色，搭配一款玫紅的包包會讓人性感中流露出一絲俏皮。又比如駝色洋裝搭配天藍色包包，配上駝色高跟鞋，也是很搶眼的裝扮。

● 如果妳穿著色彩紛呈的衣服，比如白底，粉色、粉藍色圓點的裙子，那麼妳要搭配的包包必須是一款淺色系純色包包，且包包的顏色一定是裙子色澤中的一種，純白色包包、粉色包包，或者天藍色包包這三種顏色都能與這件衣服搭配，鞋子的顏色最好也與包包同色。再舉個例子，白底＋三種以上花色細肩裙＋白色包包＋白色高跟鞋。

● 如果穿了白底黑色羽毛的裙子，外罩一件黑色的外套，包包就要根據衣服面積較大的顏色選擇，搭黑色包包就非常合適。

Part 2 一週包包展覽

生活就是一個七日緊接著另一個七日，只要搭配好一星期的包包，那也就意味著以後的日子妳出門都不愁了！

星期一

過完週末，妳不能再延續上星期五的裝扮，即便穿著以前穿過的舊衣服，在造型上也要給人全新的感覺。現在我們好好想想要穿什麼呢？即便有公司專發的職業套裝，但在未上班之前，妳也要保持一個全新的週一造型出現在同事面前。選一件很顯腰身的絲質套裙，銀灰色的上半身，黑色的下半身，如果套裙有些寬鬆，可以配一條黑色、線條簡單的腰帶。搭配這樣的套裙，包包一定要足夠時尚，但也要小巧精緻，搭一個黑色長方形的皮質包包，也可以是黑色或白色，有著皮質和金屬擰合成長帶子的方形包包，隨意的將包帶挽在手心，穿高跟的黑色涼鞋或皮鞋，披整齊規整的大捲或者挽著俐落乾淨的OL髮髻。無論是走在路上還是進入辦公室，妳不搶眼誰搶眼？這款包包照樣適合長牛仔褲、白襯衫的美女拎拿。

星期二

如果在週一例會上宣布妳要商務外出，那麼做為空中飛人的妳就要為自己準備能自信面對客戶的包包了。如果穿著領子有著蝴蝶結裝飾的泡泡袖長袖襯衫、黑色套裙，就可以拎一款大器、大方的黑色皮質大

包包了。這款包包的造型可以很簡單，但皮質一定要好，做工一定要精細。黑色能讓妳看起來沉穩，而包包精細的做工能在客戶那裡為妳加分。俐落的短髮配上白底黑色花紋外加黑色小外套，會讓妳看起來非常幹練，背一款白色的大包，或者中性色如駝色的大包包，也能給妳的沉穩增添一絲俏麗。與客戶見面，黑白色算是最能為自己形象加分的顏色，無論是衣服還是包包以這兩個顏色為準最為明智。

星期三

如果有客戶來拜訪，需要妳出去接待時，妳的形象也一定要足夠專業和俐落。但如果這一天妳穿的不是非常漂亮，而且衣服的樣式可能偏向於休閒時，那麼跟同事借一款時尚又高檔的包包相當必要。如果衣服不是接近運動服，稍稍有那麼一點正裝的味道的話，時尚且大器的包包都會迅速提升妳的氣質，尤其有著金屬帶子、皮質錚亮的黑色大器包包最為合適。

星期四

因為連續的坐著上班，週四時整個人看起來有些疲軟，對於同事間的穿著顯得有些心不在焉，這個時候，妳的穿著一定要有亮色調摻進，而包包也可以是提神的那種亮顏色。比如穿了一件白襯衫，一套灰色的背心長褲，那麼包包可以是樣式簡單的粉藍色，款式要大，漆面要光亮。鞋子也可以搭配粉藍色亮漆皮的高跟鞋。這樣的造型會瞬間喚醒人大腦，給人眼前一亮的感覺。

這一天選擇上半身為紫色、玫紅或者酒紅色綢緞的襯衫，下半身為黑色窄裙，效果俱佳，這些魅惑的顏色都有提神醒腦的作用，而包包可以選擇一款做工簡單與襯衫顏色一樣或同色系，有著細長的帶子，精緻時尚的長形或方形小包包都非常不錯。

星期五

這一天有著週末假期的愉悅，也有著一週工作勞累的疲倦，所以先畫一個比平時稍微豔一點點的妝容最重要。這天下班後，妳可能要跟朋友出去小逛一下，也可能跟同事吃頓飯，去KTV小High一下。那麼週五的衣著無論如何不能太正統、死板。穿一件黑白兩色的細肩裙，外面罩一件設計正式的西裝小外套，鞋子顏色要與外套接近或同色。這樣的裝扮有點休閒，但黑白兩色和正統的外套又讓妳很職業。包包一定得拎一款造型有些方正的大包包，顏色可以是白色，也可以是黑色，帶子是那種編織的粗帶子。下班後脫掉外套，妳就是一摩登的性感女郎了，如果是秋季，可以提前在大包包裡預備一件銀灰色或黑色的針織短衫。

星期六

睡到自然醒，穿著休閒寬鬆的衣服，在家做做瑜伽或泡個玫瑰澡，等休息差不多後就可以整理衣裝去參加一場華美的晚宴了。小巧玲瓏的身材可以選一款短款的禮服；身材高大可以選擇長款的禮服。禮服顏色要根據年齡來定，一般二十八歲以下都可以選擇白色、粉色、淺黃、粉藍、玫紅等淺色系，而二十九歲以上，以黑色、紫色、酒紅、發光墨綠，或者淺底色加深色花朵圖案的禮服為主。包包顏色選擇要以Part1的顏色搭配為準則。而包包的款式以細長精緻的無帶包包為主，那種包面上鑲有美鑽、亮片，或者流蘇的包包最襯晚宴的華貴氣氛。

星期天

如果這一天妳要出去逛逛街的話，那麼妳的選擇餘地就大了。這天，妳的身體妳做主，沒有條條框框的規定約束妳，妳可以打扮入時地去逛街，也可以一身休閒運動服，還可以很龐克，更可以很田園。當然了田園與草編手提包搭配更對味，休閒裝與大大的挎包搭配最有型，龐克裝扮可以搭一款斜紋或蛇皮紋的個性休閒包包，而摩登造型可以搭配帶有蝴蝶結的漆皮亮色包包，也可以是繪有人像、山水的方塊大包包。

珍珠建議

包包也要看身材搭配，身材好的美女搭配任何包包都好看；身材嬌小的美女，可以選擇一款小巧的手提包包或者長肩帶的包包，包包與身材的比例一定要協調，包包太大只會讓自己更矮；如果美女胸部豐滿或上身圓潤的話，一定不能選擇夾在腋下或肩帶很短的包包；如果美女腿夠長，但上身看起來有點短，挎一個帶子短、包包呈向下拉長的長方形包包，會起到很大的視覺轉移作用；如果腰短或沒腰，搭配帶子細長並且體積不太大的包包效果最佳。

美麗延伸

真皮包包保養技巧

再貴的包包使用時間久了都會出現皮質乾裂，或黏上污漬難以去除的問題，怎麼辦？

- 害怕皮質乾裂，可使用不用的或過期的護膚品，將皮包用半乾的毛巾擦淨，然後塗上幾滴護膚品，用毛巾反覆擦拭，讓油性分子緩慢滲透進皮革裡層，這樣皮包表面就不會乾燥出現裂痕了。
- 白色包包沾上黑色髒東西時，難以去除或擦拭留下痕跡後，可用毛巾沾少許雞蛋清，擦拭弄髒的地方，擦拭幾下後髒物就會去除。

深得「腰」領

著名主持人Lance，邀請珍珠和玫瑰上他主持的時尚造型節目「名師百分百」，做一期有關腰帶的節目。

「名師百分百」是每週五晚黃金時段熱播的時尚節目，每期都會邀請知名演員、造型師、服裝設計師、時尚達人為嘉賓，與觀眾分享「搭配」聖經。

除了珍珠、玫瑰外，這期節目特邀的嘉賓還有名模Liz、歌手Hebe和演員Lulu。五個美女與一位巧舌如簧的幽默型男主持搭配在一起，做出的一定是一場相當出色的節目。

玫瑰和珍珠做為造型界的佼佼者，對於各種搭配可謂手到擒來，做三位美女嘉賓的名師，傳授腰帶搭配之道，對她們兩人來說，簡直就是小Case。

應著這期節目主題，三位美女嘉賓都給自己的衣服搭配了一條腰帶。做為名模的Liz，長腿細腰，穿了一件格子連身裙，配了一條黑色的寬腰帶，豎在高腰部位，她在舞臺上小走了一圈，所有人幾乎為她修長的雙腿傾倒。歌手Hebe是精緻玲瓏的小個美女，她穿了一件橘黃色緊身長T恤，白色的七分緊身褲，橘色高跟鞋，腰部搭配了一條細細的白色腰帶。美女Lulu穿了一件灰色的外套，牛仔褲，鏤空的長筒靴，灰色外配了一條中型寬度的黑色腰帶。

雖然就觀眾來看，三人的搭配無可挑剔，但在珍珠和玫瑰眼裡，她們的搭配都不同程度地存在問題和錯誤。

Liz是長腿美女，裙子的長度在膝蓋以上，這樣的裝扮已經足夠顯腿長了，如果

Chapter 6

再將腰帶紮在高腰部位，上半身與下半身比例嚴重失調，讓整個人就像鴕鳥一樣。因為Liz夠漂亮，所以並未有人注意到這種失衡。身為長腿美女，正確的搭配是腰帶垮在腰部與胯骨交接的地方最為適宜。

Hebe屬於小巧型美女，她的裝扮能從視覺上拉長身高，但問題是長T恤與七分褲搭配，會顯得腿很短，如果再在胯骨部位搭上一條細腰帶，斷腿效果更明顯。如果穿細長的直筒褲、細高跟鞋，失衡問題倒不會很嚴重，但短褲與長T恤就不能這麼搭配了。選一條細腰帶束於高腰部位，效果更好。

Lulu的短外套顏色很簡單，鞋子的設計卻相當時尚，中和上下平衡的感覺，紮一條誇張的寬腰帶，既時尚又好看。而Lulu自己搭在身上的腰帶太過普通，無法與時尚的鞋子交相呼應。

玫瑰從提前準備好的腰帶中拿出合適的，重新幫三位美女搭配，果然收到了與原先大不相同的效果。

期間有臺下觀眾要求珍珠為她們的腰帶搭配指點迷津，有五位腰帶女生徵得主持人允許後跑上臺。這些美女無論是衣服的選擇，還是腰帶的搭配都存在很大的問題，一時間珍珠個人都覺得無從下手。在不能換衣服，只能換腰帶的條件約束下，她只能將五個人的腰帶全都拿下來，重新洗牌搭配。腰部短粗的女孩，她選擇了兩條腰帶，搭在了腰間；胯骨太寬的人，搭配有大的花飾的腰帶同時，還借穿了別人的一件小外套，這樣人的注意力就會全部跑到腰間誇張的腰帶花結上，而外套還具有遮擋大胯骨的效果。穿著牛仔裙、短褲襪、T恤的美女，配了一條絲巾的腰帶，讓她看起來更有個性。

五個因腰帶改變煥然一新的女孩，得到了觀眾久久的掌聲，實際上那是給珍珠的。

其實，對珍珠和玫瑰來說，腰帶搭配的要領還多著呢！並不是一、兩期的節目就能講解完成，想做腰帶女王，還得不斷研究和自我琢磨搭配大法，爭取能花樣出新。

22 選擇對的，做最IN「腰」美人

一件普普通通的衣服，常常因一條腰帶的點綴時尚到讓人跌破眼鏡；而身材看起來有些臃腫的美女，也常常因藉助一條腰帶的功效窈窕到讓人尖叫。這一季無論是裙子、T恤、風衣，還是熱褲、長褲、短褲，全都被「腰」風所籠罩，並有越演越烈之勢。當然，選對的才能做最IN「腰」美人，腰帶規則妳遵守了嗎？

Part 1 「腰」看身型

- 長腿高挑：如果妳的腿夠長，個子也還算高的話，搭配腰帶時一定不能高腰紮起，那會導致上半身與下半身比例失調。最好的搭配是，將腰帶放於胯骨與腰部交接的地方，讓腰帶稍微有點傾斜。無論是寬腰帶還是細腰帶，只要按照這個標準佩戴，高個長腿美女就一定能搭配出好的效果。
- 短腿嬌小：如果腿形不是很好看，個子又比較矮，長褲和修身的長衣服倒能從視覺上拉高個頭。如果再搭一條腰帶，顯出優美的腰身，那麼個頭將顯得更高。一般矮個短腿美女將腰帶束於高腰部位，也會出現上半身與下半身失調的情況，最好的佩戴部位是腰部正中（中腰）。如果穿了短褲，倒可以嘗試高腰繫法。

● 豐腰不可見：如果覺得腰部過短，或感覺沒有腰的話，可以嘗試搭配兩條腰帶，兩條視覺上款式接近但有顏色落差的腰帶能很好地增加腰部的長度。

● 肥臀寬胯：如果胯骨過寬，甚至非常突出時，最好能穿兩件式的衣服，裡面的衣服可以搭配一條誇張的或者有蝴蝶等花飾的腰帶，將腰花放於腰部正中，然後穿上外套，這樣可以將別人的視線吸引到腰帶上，外套也能很好地抵擋突出胯部。

● 過於纖瘦：如果太瘦穿衣服無法撐得飽滿，這個時候倒不如選一件寬鬆的長T恤或絲質細肩衣裙兩穿的服裝，然後搭一條編織的腰帶，或皮質細腰帶，繫於腰間，再將腰帶上半身的衣服往外拉，擋住腰帶。這樣，這件原本看起來寬鬆的衣服，就變成上半身像寬鬆的T恤衫，而下半身則是漂亮的短裙。這樣一來，腰帶就凸顯了腰圍的纖細，而衣服原有的寬鬆飽滿了身型。

● 豐滿達人：千萬不要繫太誇張或太寬的腰帶，這樣會在視覺上加寬體型。也不要選太纖細的腰帶，懸殊感會襯得身型更胖。倒不如選一款顏色偏向於暗色調的中型寬度腰帶，腰帶的花結一定要夠漂亮，這樣在顯瘦的同時，還能轉移注意力。

「腰」看顏色

● 反差色搭配：黑色、藏藍、深灰的衣服，配一條顏色鮮亮搶眼的腰帶，比如大紅腰帶配黑色細肩裙或小禮服就會非常漂亮。玫紅、深粉、粉藍、淺黃都可以與深色系衣裙搭配出讓人驚豔的效果。當然，胖人另當別論。淺色的衣服搭配深色腰帶時，只有黑色效果最好，比如白色衣裙搭黑色腰帶，玫瑰禮服搭黑色腰帶，粉藍色與黑色腰帶搭配等，都能搭出經典效果。但其他如藏藍、褐色、深紫、墨綠都無法與淺色衣服搭配出好效果，相反搭出來反而有種髒兮兮不乾淨的感覺。

● 同色系搭配：淺色衣服搭淺色腰帶，或深色衣服搭深色腰帶效果也不錯。當然，同色系搭配時，最好顏色不要一致，而且腰帶中還應該包含反差色，比如玫紅衣服與有黑色邊的粉色腰帶搭配，白色衣裙與銀色有金邊（或鉚釘）的腰帶搭配，黑色的裙子與有紅邊（或紅色鉚釘）的深灰色腰帶搭配，藏藍色禮服與深藍色有金邊（或鉚釘）的腰帶搭配等。

● 花色搭配：如果穿了有多種顏色組成的衣服，腰帶就要以這件衣服中佔色澤面積較大的顏色一致或同色系，比如白底粉、藍兩種花色的連身裙，就可以搭一條白色的腰帶，深紫色襯衫連接白底紫、綠兩種花色的連身裙，搭配一條硬布質淺紫色腰帶將會更淑女。如果上半身是由多種顏色組成，而下半身是純

色的連身裙，搭一條跟上半身底色一致的腰帶就ＯＫ了。比如上半身是白底，天藍、墨綠構成的花朵，下半身是純色淺藍裙子，腰帶就一定是純白的。一定不能有金色等鉚釘妝點，以免身體顏色太過複雜。

需要注意的是，皮帶的顏色一定以上半身為參照。

● 金色與任何顏色的衣服都能搭配：金色做為一種貴金屬色，與任何顏色的衣服都能搭出絕佳效果，如果想省錢，就買一條質地優良、樣式夠時尚的金色腰帶，與妳櫥櫃裡那一堆衣服隨便搭配吧！

玫瑰建議

個人風格偏向於柔美、溫柔，那麼細細的緞帶、絨帶都是非常好的溫柔武器；如果總覺得自己不夠性感、不夠時尚，可以將胸花與腰帶組合在一起，錯位製造出意外的驚豔效果；如果總是吊帶牛仔褲簡單俐落的裝扮，不妨在褲腰帶上繫一條閃光絲巾做為腰帶，瞬間將妳從樸實推向與眾不同；做為職業女性，如果厭倦了有些寬鬆的套裝，不妨在小套裝外面加一條質感的寬腰帶，小身段即刻展現；龐克一族或個性十足的美女倒可以選擇編織或發舊的腰帶，皮夾克內的絲質裙上輕輕一繫，龐克味道更濃，個性更突出。

美麗延伸 腰帶四禁忌

● 如果妳的肩膀又寬又闊還執意要選太粗的腰帶的話，那恭喜妳，妳的外形看起來一定是剛硬的倒三角效果。

● 如果妳的腰夠細小，但卻有一個大骨盆，一條花飾腰帶就會將妳的大盆骨妝點得越發驚懼。

● 妳的皮膚黃到有點點病態了，可是還執意選擇黃色系的腰帶，小心別人都以為妳患上了B肝，唯恐避之而不及。

● 如果妳的小肚子趨於三月孕婦狀態，還非要選一條細腰帶，小心妳身邊男友絕跡。

23 一條腰帶搭配出五種氣質

妳一定難以相信一條腰帶能搭出五種氣質，妳一定會以為，這太離譜了，如此腰帶商喝西北風去？別人的問題不棘手，為妳省銀子又培養氣質才是最關鍵。

現在就拿出一款兩公分寬的黑色皮質腰帶，腰帶扣上最好有兩條一長一短的金屬鍊子。現在氣質搭配開始：

氣質OL型

穿上一款長長的白色大襯衫，配上紫色的九分褲襪、高跟金屬色涼鞋。這樣的裝扮讓妳看起來既不休閒又不時尚，那麼就讓腰帶救場。拿起提前準備好的腰帶，與右部乳房垂直的腰間繫好，然後將腰帶上部分的襯衫均勻往外拉，直至看起來腰帶若隱若現為止。現在好好的整理一下自己的頭髮，看看鏡中的自己，是不是職場精英味十足？

休閒娛樂型

穿一件棉布的紫色寬鬆大T恤，T恤看起來又寬又大，別急，拿出腰帶，以對付長襯衫的方法繫好。

穿一條隱藏在T恤裙襬下的熱褲，套一雙高筒的白球鞋，逛街、遊玩、泡夜店，想怎麼High就怎麼High。

溫柔田園型

拿出一件有著T型領的白色連身裙，鬆鬆垮垮，似乎沒有任何形狀，別急，繫上準備好的黑色細腰帶，把上半身衣服輕輕往外拉，然後蓋住腰帶（不要露出金屬鍊子）。戴上一頂帽沿超大的草帽，穿一雙有蝴蝶結的涼鞋，去郊外的農莊度一個短暫的假期，妳一定比山水還甜美。

旅遊觀光型

穿上有人物頭像的白色半長T恤，一條牛仔短褲，一雙舒適的紅色運動鞋。這次腰帶的繫法不像前三次都在中腰部位，這次要橫繫於低腰處，然後將上半身T恤往外拉，拉得越多越好，直至妳的T恤樣子看起來像一件短款T恤，而T恤的下襬剛剛擋住褲子拉鍊的最下部位即可。再戴一頂紅色或玫紅的棒球帽，旅遊觀光數妳最帥了。

龐克自主型

選一條褲管寬大，而褲腳服貼的藏藍色休閒褲很關鍵。然後挑一件尖領白襯衫，將衣襬隨意地塞到褲腰裡，然後將那條黑色腰帶隨意繫於褲腰上。因為褲子屬於高腰褲，且褲子拉鍊和鈕釦已經很好地將褲子固定在了妳的胯上，所以，腰帶可以隨意地繫。並將金屬鍊子垂於胯部左側。拿一個大大的包包，如果戴一頂圓邊尖頂的布帽效果將更佳。

珍珠建議

以上五種氣質搭配更適合身材適中的美女，如果本人太胖，這種較為蓬鬆型的裝扮只會讓自己顯得更胖。而且身材過於肥胖，只有選擇深色系的衣服才會稍稍顯瘦，但白色是胖人最忌諱的顏色，且將襯衫拉成蓬鬆狀更是一種冒險的舉動。

美麗延伸

穿白不顯胖的小祕訣

- 穿一件可愛的娃娃裝，在高腰部位繫上黑色寬腰帶，裙襬的寬鬆感會營造一種衣服顯胖的感覺，胸部的皺褶也會給人一種皺褶襯大了胸部的感覺，如此，妳身體的肥胖就會順利地轉嫁到衣服上，當然胖胖的妳也會給衣服營造一種更加可愛的韻味。
- 如果想穿一件白色的職業套裝，不妨選擇那種白色柔軟質料，有著黑色鈕釦，而腰部有一圈黑色絲帶穿插，可以繫成蝴蝶結，黑白色能緩衝肥胖，而且衣服的蝴蝶結裝飾能轉移別人對妳身體的注意力。
- 可以選擇泡泡袖，胸部有皺褶，而從腰身部位開始一直到衣角處都很貼身的針織高領衫，然後配上一條寬鬆的黑色裙褲，這樣的搭配會讓妳瞬間苗條很多。

24 絲巾也能當腰帶

珍珠和玫瑰有次閒來無事，走到大街逢美女便問是否相信絲巾也能當腰帶搭，大驚小怪的美女們頭搖得像撥浪鼓，感覺那是土包子才幹的事情。但是，當珍珠、玫瑰邀請幾位美女走進一家絲巾店，拿起幾條絲巾簡單搭於腰身後，美女自己與圍觀者的驚叫聲此起彼伏。那一天，絲巾店的生意竟然出奇地好。妳是否曾拿絲巾當腰帶搭過？妳相信一條絲巾會讓妳瞬間大換身嗎？那就拭目以待：

- 自製一條絲巾腰帶。將自己以前戴舊的大珠子項鍊拿下來，選出一條灰白加黑色潑墨畫的大絲巾，將絲巾對角折疊成細條裝，將珠子用絲巾緊緊裹住，紮成裹了絲巾的圓球，等距離紮出十多個圓球後，將自製的腰帶繫到絲質連身裙或T恤等衣服上，一定能創造別致的造型。紮腰帶時，兩個角可以做出好看的蝴蝶結。

- 絲巾當褲腰帶。選擇

一條跟衣服搭配的絲巾，穿過牛仔褲或其他款式褲子的褲環，穿三個褲環即可，在胯部左側繫成好看的蝴蝶結就可以了。

● 選擇兩條顏色反差較大的絲巾，將兩條絲巾擰成麻花狀，然後搭於腰部，繫成自己喜歡的花朵，會顯得妳人相當時尚和有個性。

● 如果選擇了一款大花的裙子，想要在腰部營造出大蝴蝶結的樣式，可以選擇一款跟裙子顏色接近的絲巾，做成大蝴蝶結的樣式，將細腰帶圍在腰部，將上半身衣服稍稍外拉，擋住腰帶，然後將做好的絲巾蝴蝶結固定在偏左側腰帶部位。長長的飄帶和蝴蝶結樣式會讓人誤以為是裙子原本的造型。絲巾蝴蝶結也可以直接固定在褲環上，像是隱形腰帶的花結一般。

● 穿了一件黑色的細肩裙，或一件白色的小禮服，就可以選擇一款玫紅的大方巾，將方巾折成寬約三公分的長帶子，將兩頭開口處用心形別針固定，以免散開影響效果，然後將絲巾在腰部繫成一個好看的蝴蝶結，多餘的帶子最好長短有一點點差距。這樣的裝扮參加一場晚宴也不為過。

● 絲巾做腰帶時，衣服與絲巾的顏色不能太衝突，除了黑色與玫紅可以搭出很大的反差色外，其他暗色調的衣服，與暗色調的絲巾為好，所選絲巾與衣服顏色要同色系；淺色衣服要與淺色絲巾搭配；單色衣服都可與花色絲巾搭配，但不管怎麼花，花色絲巾中的一款大面積顏色一定與衣服同色系。

珍珠建議

絲巾當腰帶，一定要與衣服顏色搭配好，紅色衣服可搭配黃色與灰色絲巾擰成一條的腰帶；湖藍色、深藍色絲巾可與黃色衣服搭配；淺黃色與粉紅色搭配，可以給人一種活潑向上的動感；橘紅色絲巾與豆綠色衣服搭配，給人強烈的青春氣息；黑絲巾與白衣服搭配永遠不會出錯；玫紅絲巾與黑色衣服搭配，會給人一種乾淨的俐落感；魅惑的淺紫色衣服與黃、灰亮色絲巾搭配，感覺超讚；淺藍色衣服搭配淺灰色絲巾韻味獨特。

美麗延伸　教妳打蝴蝶結

既然絲巾當腰帶繫打的花結以蝴蝶結最多，那麼就一定要學會怎麼打蝴蝶結喔！

1. 先將絲巾兩頭交叉。
2. 上面的帶子繞過下面的帶子，再從兩條帶子中間垂下來，拉緊後，打一個活結。
3. 將下面的帶子折疊成蝴蝶結的一邊，順著帶子的方向放置在右邊。
4. 再用上面的帶子從蝴蝶結的上方向下方繞。
5. 上面的帶子繞過右邊的蝴蝶結後，再從最頂部繞過的絲巾處穿過來，折疊成另一邊蝴蝶結。
6. 將成形後的結整理好，隨之一個漂亮的蝴蝶結就呈現於眼前了。

註：拿一般的緞帶先打熟練再使用到絲巾上。

25 簡衣美帶搭出最潮人

妳有無數條漂亮的腰帶，也有無數件設計簡單的衣服不是嗎？可是妳很茫然，不知道怎麼搭配才能夠IN、夠潮。其實沒那麼複雜，以下給出一些簡單的搭配例子，只要妳有類似的衣服、腰帶就可以這麼搭配。

Part 1 花色連身裙＋白色蝴蝶結腰帶

很多女孩可能都有一、兩條設計簡單的花色連身裙，裙子的色彩很繽紛，總覺得這麼穿出去像剛從花叢中鑽出來一樣，不急，選一條看起來有點淑女的蝴蝶結白腰帶吧！腰帶不要太寬，也不要太細，適中即可。蝴蝶結放到腰部正前方，沒有多餘的邊角，乾淨俐落。這樣的搭配既緩和了花色繁重帶起的土味，又濃烈了淑女的氣質，拎一款白色的包包，就可以輕鬆出動了。

Part 2 絲質豹紋襯衫＋寬鬆熱褲＋中性色寬皮帶

如果妳沒有絲質豹紋襯衫，其他任何一款看起來質感柔軟的襯衫也可以，配一條褲管有些寬的白色卡其短褲。襯衫的邊角可以塞到褲腰裡，很隨意就好，然後拿出時尚殺手鐧——一條駝色或者深黃色的寬腰帶，腰帶的樣式可以很簡單，沒有任何花結修飾。將寬腰帶穿到褲環，隨意地紮在腰間。現在看看鏡中的自己，是不是俐落了很多？再配一款跟腰帶同色系的大包包，感覺更到位。

Part 3 無袖中長修身襯衫＋包腿牛仔褲＋細細的黑色腰帶

如果妳的身材還不錯，這樣的搭配會讓妳的身材看起來更加修長優美。無袖的中長襯衫，質料一定是那種帶點彈性的，看衣服顏色搭配一條包腿的長牛仔褲（黑色或淺藍），然後將細長的有金屬鍊子的黑色腰帶繫於腰間（中腰），扣好腰帶後，將金屬鍊子隨意地垂於左側腰間，金屬的垂重感將腰帶拉至一個稍稍傾斜的位置。修長的身材在垂直金屬鍊的妝點下，更加線條流暢。

修身的中長T恤衫也適合這樣的搭配。

Part 4 七分袖雪紡裙＋黑色寬腰帶

這個夏季，似乎是雪紡裙大行其道的季節，街頭巷尾隨處可見穿雪紡衫、雪紡裙的美女，妳的櫥櫃裡一定也有類似的衣服吧！現在穿上妳漂亮的雪紡裙子，它可能設計很簡單，顏色也不是很明亮，可能是一件灰色的七分袖，腰部也收得不是很好。現在就讓黑色的寬腰帶幫妳解圍吧！腰帶一定是那種腋下兩邊有鬆緊帶的黑色皮質腰帶，可以根據妳腰的寬窄隨意收放。腰帶有盤釦，沒有多餘的邊角。繫好腰帶，寬鬆的雪紡裙瞬間被收歸在纖細的小蠻腰下，感覺特別棒。

腰帶顏色可以根據雪紡裙的顏色來調整，比如黑色的雪紡裙可以搭配大紅的寬腰帶，花色過多的可以搭配駝色寬腰帶等。

此外雪紡衫的長度夠及臀部，妳也可以用一條寬寬的腰帶為其收腰了。雪紡衫下配上黑色窄裙，線條將更加流暢。

Part 5 正式襯衫＋工作短褲＋駝色蝴蝶結寬腰帶

妳有咖啡色、米白色、純白色、黑色的工作短褲不是嗎？也有無數件正式襯衫不是嗎？但總是穿不出好效果不是嗎？好了，現在將妳這些顏色的襯衫、褲子搭配好。咖啡色短褲搭一件粉藍的襯衫，直接這樣穿有點鬆散，那麼就選擇一條中性色的駝色有蝴蝶結的寬腰帶吧！精幹中透出些許俏皮，給有些死板的工作生活帶來了不少色彩。米白色的工作褲可以搭配粉色的襯衫，配上駝色蝴蝶結寬腰帶，既不裝嫩也不老練，對剛上班不久的女孩來說是恰到好處。黑色的工作褲可以搭配純白色襯衫，或者玫紅色襯衫，邊角紮到褲腰後，繫上駝色蝴蝶結寬腰帶感覺超好。

Part 6 正式襯衫＋西裙＋黑色寬腰帶

如果是上班一族，免不了會有幾條樣式簡單的西裙，白色的、黑色的、咖啡色、深紫色等。對喜歡時尚的女孩來說，購買的多數西裙都是邊角有皺褶的那種。要搭配西裙，襯衫就是首選了。一件規規矩矩的白襯衫搭一條黑色的西裙，就是職業生涯的黑白式典型寫照。或者白色的西裙搭無袖黑色襯衫，咖啡色西裙搭酒紅色長袖衫，紫色西裙搭配胸口有皺褶的米黃色襯衫等。可是不管顏色搭配得多好，裙子的樣式看起來還是像一根倒懸的蘿蔔，襯衫也是中規中矩，毫無個性。別沮喪，拿出一款超寬的黑色腰帶，一定要足夠時尚。好了，現在繫於中腰部位，將裙子與襯衫交接部位全都收歸於寬腰帶下面。纖細的腰肢顯出來了，比起剛開始的毫無形狀，現在是不是又時尚又好看？

珍珠建議

一條黑色的寬腰帶與任何顏色和款式的衣服都能搭出好效果，如果本人不是特別挑剔，為自己選擇一款黑色收腰寬腰帶，一款寬度適中的蝴蝶結腰帶，一款黑色的細腰帶就OK了。也可以備一款駝色的中性皮帶，簡單俐落就行，可以紮腰部，也可以紮褲環，且與任何顏色都能搭出好效果。

美麗延伸 自製一款可愛腰帶

如果妳更喜歡DIY腰帶的話，珍珠教妳自編一條小腰帶，與自己漂亮的衣服隨意搭配：

棕色毛線編織細腰帶：從棕色毛線團上取下長約兩百五十公分的九根粗毛線，三三一組分成三組，將一頭固定好，然後將三組毛線緊緊地編成麻花辮形狀，麻花辮長度夠圍腰部一圈，並多出二十公分即可。將編好的一頭固定好，剪掉多餘的毛線。一條看起來普通，但會在妳的腰部起到重要作用的腰帶就誕生了。

繫到腰部，在腰部左側繫成好看的蝴蝶結。將衣服拉出來擋住腰部帶子，只露出可愛的蝴蝶結即可。如果覺得這樣也不夠好看的話，將帶子在腰間繫好，拿一朵好看的胸花別於帶子交接處，會讓妳更醒目。

26 寬腰帶帶來熟女風範

寬腰帶是個奇蹟，任何人都能夠藉助它得到提升。

Part 1 晚禮服

晚禮服對一個女人來說，是最能襯托魅力的。細肩帶晚禮服、低胸晚禮服、一條肩帶的晚禮服、肩帶有花結裝飾的晚禮服等等，因為裸露的尺度比平時多，使人看起來就更性感、更有風情。不過，因為身體不夠飽滿，或者臉長得稚嫩等問題的存在，常常讓很多美女無法成為晚會的焦點。如果妳實在想讓自己看起來很有熟女韻味的話，倒不如選擇一件酒紅或夕陽紅的綢緞小禮服，拿出一條與小禮服顏色有一些反差的寬綢帶，將綢帶折疊成六、七公分的寬腰帶繫於腰間，腰帶花結搭成大器的蝴蝶結，並留出長長的綢帶，熟女味瞬間席捲而來。

如果妳只有那種短款的小禮服，儘管顏色很俏麗，但穿在身上還是不夠大器、穩重的話，配一條黑色皮質寬腰帶倒能讓短裙成熟不少。

Part 2 套裝

套裝的正式很多時候會讓人顯得老氣，但老氣並不代表有成熟的韻味。如果想要擺脫套裝營造的一種老成氣息，讓自己看起來既有職場精英的成熟魅力，又有著前衛的時尚感，就不妨藉由寬腰帶來達成目的。對一件細長灰色襯衫配黑色西裙的套裙來說，搭一條黑色有蝴蝶結或其他花結裝飾的寬腰帶，既時尚又成熟。而卡其長褲與襯衫搭配時，駝色的寬腰帶讓人看起來很大器，而且有熟女的特殊韻味。工作短褲搭襯衫時，也可以繫一條寬寬的腰帶，既能體現妳的幹練，又有精幹女人的精明。

Part 3 風衣

對個子很高的美女來說，不管穿什麼樣的風衣都很好看，但對小個美女來說，風衣常常會讓自己變成裝在套子裡的人，矮冬瓜似的造型，不要說成熟的韻味，就連基本的女人形狀都沒有了，這該是多麼讓人沮喪的事情。不過，風衣搭寬腰帶倒能解決這一問題。穿了一件銀灰色的中長風衣，不妨選擇一款寬寬的黑色亮皮腰帶，束於高腰部位，這樣的裝扮在修長腿形的同時，從視覺上也能拉長個頭。黑色的風衣顯瘦，搭黑色的腰帶就不太明顯了，如果有一款寬寬的漆皮大紅腰帶，增添妳成熟味的同時，會額外帶來一絲魅感。即便再矮的女生，也會因這樣的裝扮顯得修長起來。個子比較高的美女還可以選擇將三條一模一樣的寬腰帶繫於風衣上，這會讓自己的腰部看起來格外修長。腰帶的裝飾部位要以左右左的方式搭配，或一點點向右斜的方式搭配，不能三條腰帶的盤釦一股腦兒指向正前方。個子較矮的美女可以選擇兩條腰帶繫於腰間。

粗毛線編織的長外套，總是顯得有些鬆散，不夠緊實，而且有種隨便的感覺，如果在不繫鈕釦的情況下，搭一條寬寬的黑色或駝色腰帶，時尚的同時，成熟氣息也會撲面而來。

Part 4 雪紡裙

雪紡裙和雪紡衫設計的總是有些鬆垮，如果我們喜歡雪紡衫（裙）的質地，但不太喜歡那樣鬆鬆垮垮的樣式的話，不妨用寬腰帶來改變款式。腰帶與雪紡衫搭配時，可以繫於中腰部位，下半身可以搭配七分的緊身褲，或包腿的窄裙。雪紡裙下襬比較大，寬腰帶可以繫於低腰部位，將花結擺弄到腰部正前方。

Part 5 民族風

具有民族韻味的連身長裙，無論是質地還是款式都具備濃郁的清涼味道，穿在身上非常舒服。不過過於繁瑣的花色和寬鬆的樣式總覺得缺了某種自己渴望的形狀。那麼就讓寬腰帶解決這個問題吧！那

種有著黃色或白色皮毛的寬腰帶，非常獨特，搭配一件民族味特濃的衣服感覺超讚，而且會給人帶來一種貴婦人的錯覺。如果長長的拖地裙搭配白色細肩帶衫或長背心，也就是很素雅的樣子，搭一條具有民族特色的寬腰帶，斜繫到胯骨部位，盤釦處有漂亮的緞帶或花結垂下的話，也會讓原本樸實的形象瞬間變得與眾不同起來。

玫瑰建議

清爽的黑白搭配不易出錯，對於腰帶還不敢大膽嘗試的美女，強烈建議第一條腰帶選擇黑色的，百搭而且黑色是收斂色，會讓腰看起來更細。

美麗延伸

腹腰健康瘦

- 按摩法：以肚臍為中心，在腹部打一個問號，沿問號按摩，先右側，後左側，各按摩三十至五十下，每天持續。
- 縮腹走路法：吸氣時，腹部脹起；呼氣時，腹部緊縮。這種練習有助於刺激腸胃蠕動，促進體內廢物的排出，順暢氣流，增加肺活量。

27 皮帶並非收腰那麼簡單

皮帶在兩種情況下非常重要，一種是襯衫塞在褲腰時，另一種就是穿了露肚裝。那麼，這兩種裝扮中到底有多少種皮帶可以搭配呢？

- 完全是裝飾意義的皮帶，比如穿白色背心、卡其長褲時，就可以搭配一條好看的裝飾皮帶，這條皮帶一定是非常誇張、非常時尚，同時又特別好看的。皮帶並不是穿在褲環中，而是在胯骨部位以傾斜的角度繫起來，花結向左偏移。寬大的裝飾皮帶，對有微凸小肚子的美女來說，具有很好的掩飾小缺點的作用。
- 與褲環搭配，給人酷的感覺。駝色的寬皮帶就是百搭不厭的時尚典型。只要妳的褲環能容納它的寬度，妳就可以將皮帶塞到褲環裡，與皮帶不同顏色的褲環點綴，會讓駝色皮帶看起來更酷，露肚裝也會因這條腰帶的出現而變得異常有味

道。

- 陪襯作用的細皮帶。如果穿了一條很淑女的花裙子，或一條懷舊色牛仔短裙，就可以搭配一條鑲鑽的白色或黑色細皮帶，皮帶最好不是黑長條的，而是由黑色皮圈、金屬鍊子等搭接而成，有妝點衣裙的作用。
- 欲露還隱的個性裝扮。將襯衫的左衣角塞到牛仔褲裡，搭上一條好看的長方形金屬盤釦的細皮帶，將好看的盤釦向左移，襯衫的右衣角隨意地垂下來，擋住皮帶右半部位，個性造型即橫空出世。
- 中性裝扮凸顯與眾不同。拿出兩條駝色或棕色的細腰帶（很普通的腰帶），以很隨意的樣式穿過褲環，在盤釦處，將兩條皮帶互換插口，隨意的擰搭，在凸顯中性美方面意義非凡。男士的休閒皮帶也可以與藏藍色褲子和白襯衫搭配，粗獷中帶有柔性美，很能吸引目光。

玫瑰建議

繫皮帶時，須考慮一下皮鞋的色調，最適宜的辦法是和皮鞋顏色一致，保持人體外部形象和諧。

美麗延伸

皮帶異味輕鬆除

- 香皂清除異味：當皮帶產生酸臭味時，可用溼毛巾反覆擦拭，如有難以擦拭的污垢，可用軟毛牙刷沾些許香皂快速刷洗髒污處，然後快速用清水沖洗，用乾毛巾擦掉水氣，以自然風乾的方式晾乾即可。
- 皮質保養：皮帶晾乾後，為了避免皮質乾裂，可在皮帶上塗少許無色鞋油，皮革油不但對皮帶有保護效用，更可讓保養工作更為完善。皮帶的金屬盤釦或金屬裝飾最好不要沾到水，以免生銹。

「衣」呼百應

Susan打來電話，劈哩啪啦抱怨一通，玫瑰還沒明白怎麼回事，她又閃電掛斷了電話。玫瑰非常鬱悶，讓助手打電話詢問事情原委，經過瞭解後才知道，原來她在晚宴出了大糗。

今年三十有餘的Susan在娛樂圈並不怎麼有名，也就演過幾部不溫不火的電視劇，收視率不甚理想。不過，她很愛美，月月都是透支來購買各種名牌衣服、鞋子、包包、手飾，她還是玫瑰工作室的VIP會員。

當然，之所以下血本打造形象，是因為她並不滿足現在不紅不紫的狀況，她很想讓某個大牌製作人慧眼識珠發現她，並將她捧成大紅大紫。為了達到目的，她可是招數使盡，很多潛伏在娛樂圈的小規則她都嘗試過了，可是不知道為什麼，折騰來折騰去，她還是在C咖與B咖的之中徘徊。不過，Susan鍥而不捨，滿腹自信，她堅信自己總有一天會爆紅，只是現在時機未到。於是，她積極參與各種晚會和明星慈善活動，有導演的地方就能發現她的身影，有攝影機的地方也總能看見她嫵媚的笑容。

當時，玫瑰為她設計了一款漂亮的髮型，讓她穿上寶石藍鑲有亮片的晚禮服，脖子戴了一條水晶紅玫瑰的誇張項鍊，穿上一雙細高跟紅涼鞋，拿上寶石藍的包包後，她便自信滿滿地去參加那場聽說有很多名導和大人物參加的晚宴了。可是，在走紅地毯時，她卻發現模特兒Merry竟然穿著跟自己款式一模一樣的晚禮服，只是顏色為淺藍色，更要命的是她的手裡同樣拿著一款淺藍包包，款式跟Susan的如出一

Chapter 7

輸。讓她相當沮喪的是，Merry高挑年輕，搶眼的淺色系讓她看起來光彩照人，相當搶鏡。因為天生的自信，Susan快速讓自己鎮定了下來，但是屋漏偏逢連夜雨，跟她一桌用餐點的竟然是個毒蛇造型師，正好就坐在Susan旁邊。他不但在一桌六人面前說出了Susan與人撞衫的可怕事實，還指出Susan的這個髮型，他在一名牌的新款發表會上為一模特兒設計的，Susan的造型師完全是Copy了他的設計。Susan將滿滿一杯紅酒潑到對方臉上後轉頭離去，一時間這個意外插曲成為了媒體的最勁爆新聞。

出門後，情緒有些失控的Susan打電話語無倫次地對玫瑰數落了一番。當玫瑰弄明白這件事情後，她倒是相當同情對方，並且快速地在部落格寫了一篇文章，痛斥那血口噴人的造型師。於是，兩人開口對罵，到最後竟然發展成造型圈百年一見最具點閱率的頭版新聞。但最後水落石出後，所有人才明白，那位毒蛇造型師的確為一模特兒設計過那款髮型，而從未看過他設計的玫瑰竟意外設計出了跟對方一模一樣的髮型，簡直無巧不成書啊！

這次吵鬧，讓兩位造型師名聲大振，玫瑰所在的工作室生意更加火熱，而不久後不打不相識的玫瑰和毒蛇設計師竟然成了朋友。

Susan算是成了這場陰差陽錯設計的可憐受害者，但也正是這場「潑酒門」讓她成了網路搜尋中最熱門的話題，她紅了，不是靠自己的努力，而是玫瑰間接為她造就的一個意外。

不過，這事讓很多明星心有餘悸，因為可怕的撞衫、撞包、撞髮型事件很可能成為糟糕的負面新聞，而且這樣的事情發生機率頻繁後，她們的光鮮形象就有可能大打折扣，還有可能被好事者冠上「拷貝女王」的稱號。

事後，玫瑰對珍珠說，那件晚禮服是一大品牌的限量款，沒想到只有幾十件的數量也會發生現場撞衫事件。珍珠的意見是，不管什麼樣的設計款，在穿出去前，都應該在腰帶或肩飾上有所改變，如果舊款能新穿，避免撞衫的可能更高。

當然，對懂得搭配之道的珍珠和玫瑰來說，她們懼怕的並不是撞衫、撞包，而是自己的客人被冠上最差造型的稱號。所以，她們現在最關心的倒是如何讓美女們針對自己的身材和個性將身上的衣服穿出最佳效果！

28 T恤搭配，永豎青春不倒大旗

整個夏季隨處可見穿各種款式T恤的美女，隨意招搖過市，即便是冬季，在溫暖的室內，熱情脈動的夜店裡，T恤的影子也是隨處可見。

因為——簡單，也可以不普通。並且，不管是什麼樣的美女總能為自己找到一款適合自己的T恤。我們在這裡要告訴大家的就是，長、短個性T恤怎麼跟其他的裝扮搭配，讓妳看起來更加青春迷人。

Part 1 短款

短款T恤，款式簡單，只是T恤的顏色和圖案在不斷地翻新。因為款式簡單，短袖T恤的顏色更多偏向於亮顏色，比如粉色、鵝黃、寶石藍、粉藍、白色、銀色、大紅、玫紅等等。膚色白的美女這幾款顏色都適合穿，黃皮膚的美女除了黃色系都可以選，而皮膚較黑的美女可以選擇銀灰色，或者選擇一款黑色或咖啡色的深色T恤。下裝的搭配以黑色短褲，懷舊色牛仔裙、七分褲、五分褲、熱

褲俱佳。無論腿長與否，這樣的裝扮都非常顯身材，而且充滿了青春亮麗的感覺。如果是春、秋季，T恤可與黑色鉛筆褲、窄管牛仔褲搭配，與五分褲、七分褲搭配時，要穿厚實的長筒襪，高腰的球鞋。

Part 2 中長款

穿中長款T恤時，也可以搭配熱褲。如果T恤顯得有些寬鬆，可以在低腰部位繫一條腰帶，將腰帶上面的衣服稍微往外拉，讓T恤的下襬形成一個像是縫了鬆緊帶的花邊，穿上球鞋，很有動感。寬鬆的中長款T恤一定不能搭配寬鬆的五分褲，搭牛仔裙，或者纖瘦的五分、七分褲感覺不錯。如果尺寸夠長，寬鬆的T恤也可以當裙子穿，配一雙尖頭的時尚帆布鞋就可以了。

Part 3 修身長款

如果是那種很長的緊身T恤，當裙子穿也不為過，不過只是這樣穿不免顯得單調，可以搭一條誇張的腰帶於中腰，也可以斜搭於低腰部位。一般白色T恤搭黑色的寬腰帶最正點，玫紅色腰帶很炫、很時尚，而紫色會給人一種神祕感，大紅色的腰帶很誇張，皮膚光鮮白皙的美女最適合白T恤搭大紅腰帶。如果是其他顏色的T恤，比如玫紅有黑色字母的，可以搭一款黑色的腰帶，顯得協調；鵝黃色可以搭粉紅色腰帶，更加青春亮麗；那種條紋的、胸部有金粉的長款T恤，可以搭一條布質、有金粉的寬腰帶，斜搭於低腰部位。排骨美女最好不要穿修身的長T恤，這會讓妳看起來更像竹竿。那種身材圓潤又沒有小肚子的美女可以做為首選。

Part 4

不規則剪裁

現今不規則T恤似乎越來越流行，尤其下襬被裁剪成多個三角形，或者前後被裁剪成橢圓型的T恤衫，幾乎街頭巷尾隨處可見，有著大頭像，或水墨畫點綴的不規則T恤，搭一條七分或五分的紫色褲襪，成了這一季的最流行。很多美女認為，穿不規則剪裁的長T恤，搭短褲襪，將頭髮高高挽起，脖子上繫一條可愛的圍巾，整個就像韓劇女主角造型。這樣的裝扮無論是對胖一點的美女，還是對較瘦的美女來說，都是福音。因為衣服的寬鬆設計可以很好地抵擋有缺陷的身型，紫色的褲襪中和了T恤的運動味，而時尚的圍巾又讓妳看起來與眾不同，當然了髮型又很青春動感。還沒有嘗試的妳，不妨也試一試。短款的不規則剪裁，可以搭配短褲，也可以是牛仔裙。當然搭配一條熟女的裙子，效果也不會太差喔！

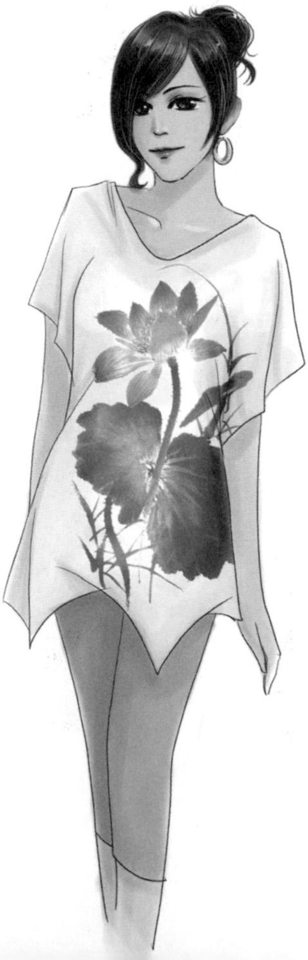

玫瑰建議

棒球帽、長袖T恤組合在一起，不會讓別人認為妳是個「假小子」，反而會給人調皮活潑的感覺；淺藍牛仔褲和米色T恤在一起是最上選的搭配；若要T恤在簡單中求不同的話，可以在圖案上做做文章。

美麗延伸

T恤與花色裙子的動感搭配

不要因為T恤太休閒而不敢與花色裙子搭配，實際上只要選對了，就能搭出青春亮麗的動感形象：

- 深紫色POLO衫與花色齊膝裙搭配，配上直順的短髮，非常適合。當然裙子的質料要硬一些，裙襬處有規則的皺褶修飾。
- 領口和袖口有花色布料修飾的白色T恤，可與有民族圖案的花色裙子搭配。
- 領口有絲質飄帶，袖口有絲質褶邊修飾的T恤可與淺顏色花色絲質裙搭配，淑女味十足。
- 寬鬆藍色V領T恤可與大裙襬有花色修飾的白色裙子搭配。裙襬的花色中一定要有藍色調存在。

29 帽T搭配，不算大雅亦能登大雅

帽T，質料比一般T恤厚，既能當外套穿，又能穿在外套內，很像運動服的那類服裝，是春、秋季節禦寒秀美的不錯選擇。因為短袖帽T內可以套一件格子襯衫，長袖帽T搭一頂針織帽，既溫暖又時尚。總之，帽T是春、秋季節的必備衣物，雖然登不了大雅之堂，但如果搭配層次凸出，走在大街小巷，妳就會成為最亮點。以下就介紹幾種帽T的搭配方法：

Part 1 粉嫩可愛

可愛的女孩穿帽T似乎再合適不過了，如果妳不夠可愛，那就用帽T和其他配飾讓自己可愛起來吧！

- 裝扮可愛的首選當然是粉色帽T了。選一件有著字母或數字裝飾的粉色長袖帽T，下面可以搭一件黑白橫條的長吊帶，吊帶留三公分露在帽T外面。戴一頂有粉色邊，由粗線編織的帽子，帽子頂上有一個可愛的線球最好。穿一條深藍色的錐形褲，一雙略帶尖尖的駝色皮鞋，這個裝扮讓妳既可愛又時尚。如果根據臉型搭一款裝飾用的黑框眼鏡，效果更讚。
- 那種厚實粉藍色帽T，如果內部再搭一款尖領的白、藍相間的直條襯衫，讓領尖做為帽子領口的點綴。齊瀏海配腦後挽起一個高高的髮髻，鬢角自由垂下幾縷頭髮。再搭上黑色的短褲，黑色的長筒襪，白色帆布鞋，整個形象可愛極了。

● 嫩綠色當然也很能妝點可愛了。選一款附帽子，帽子兩邊有帶子垂下的嫩綠色帽T，穿上一款有破洞的長牛仔褲。關鍵是帽子，戴一款線織的草綠色兼嫩黃色帽子，套上一雙帆布鞋或平底娃娃鞋，既有小女生的叛逆，又有小女生的可愛。

Part 2 智慧知性

● 帽T是不是不能穿到辦公室呢？其實也不盡然。選擇一款線條簡單、顏色不花俏的短袖帽T，先套上格子襯衫，或款式較長的白色正式尖領襯衫，再套上短袖帽T。將自己的頭髮挽起來，帶上一副流行的黑框眼鏡，配上咖啡色工作褲，黑色絲襪配上黑色的靴子或高跟鞋，這樣的形象去上班一點都不為過。

● 還有一種夕陽紅與白色相間的直條紋長帽T，搭配一款瘦身的黑色鉛筆褲，黑色高跟鞋，脖子上戴一些金屬長鍊子，即便不戴框架眼鏡，也會很職業。如果披著規整的波浪捲髮，梳出一些斜瀏海，既有白領的亮麗，又有著精英們常常忽視的溫柔。

● 如果辦公室的紀律沒有嚴格到連大衣內的衣服都要正統、職業的話，妳完全可以選擇一款簡單的白色無帽帽T，配上長褲，當然鞋子的選擇很重要，一定是很職業、很OL的那種款式，然後配上大衣。當妳在辦公室裡脫去外套後，鞋子和褲子會中和帽T的休閒，當然，帽T款式設計很簡單，倒也引不起別人的關注，而妳就可以盡情地享受與帽T相伴的安全時光了。

潮流時尚

帽T的設計大多很休閒，但有一些款式還是非常前衛、時尚。即使妳無法找到一件很時尚的款式，但也可以搭配出時尚。

- 選一款寬鬆的戴帽帽T，最好下襬能稍稍縮緊的那種。配上一條洗舊款牛仔短褲或牛仔短裙，牛仔裙、牛仔褲下可以配一條很貼身的鉛筆褲，或黑色褲襪。關鍵是要修飾腳踝，一款線織的灰色半截襪配合一雙帆布尖頭鞋，簡直時尚到了極致。如果還能配上一款長帶子的休閒包包，時尚味將更濃郁。

- 深色帽T配上深色裙子，戴上一頂好看的針織帽，穿上一雙搶眼的高跟鞋，另類時尚將會被演繹出來。比如咖啡色的帽T（胸前最好有白色花紋或字母點綴），搭配亞麻色短裙，穿一雙細高跟大紅皮鞋。顏色忽明忽暗，很有吸引力。當然，還得搭一款跟皮鞋同顏色的飾品，來中和上下的顏色，比如選一副紅色的誇張耳環，戴一款有紅色墜子的長項鍊，或者腕飾為誇張的紅色花朵，抑或脖子上戴一條紅色的絲巾，頭上戴紅色的髮帶等等。

- 帽T搭配鴨舌帽也能將時尚演繹到淋漓盡致。比如灰色附帽子的帽T，搭一款有毛邊的短褲，穿黑色或紫色絲襪，配上尖頭帆布鞋或小尖頭的平底皮鞋，再在短髮或長捲

髮上斜斜地戴上一頂鴨舌帽，白黑色直條或銀灰色都不錯。

珍珠建議

帽T與外套搭配時，帽T一定要選擇貼身或不附帽子的，如果一定要附帽子，最好風衣或外套也是附帽子的；深色的帽T一定要跟深色的外套搭配才夠好，深色非要跟淺色搭的話，灰色帽T與寶石藍長款開口厚毛衣搭才行；淺色帽T也一定要與深色外套搭配，比如灰色的大衣與大紅帽T搭配，黑色外衣與粉藍色或粉色帽T搭配等；帽T內部搭配的衣服，要與帽T的顏色形成反差，不能同色或顏色接近。

美麗延伸

粗小腿四方法速減

- 跑步減小腿法：如果妳能堅持每天晚上出去跑步，且一圈一圈直至自己的腿累得有些顫抖時停下來，慢慢拍打小腿肌肉，運動加拍打，很容易扔掉小腿贅肉。要長期堅持。
- 爬樓梯減小腿法：爬的樓梯十層以上才能達到減小腿的目的，如果只是四、五層，僅僅是練練肌肉而已。
- 踮腳運動法：每天高抬腳和踮腳尖各三十次，兩個動作要連貫，不能抬高腳做完休息後再踮腳尖。
- 貼牆運動法：與牆面一公尺處，雙腳併攏站直，然後將雙手平放於牆面，身體接著盡可能往牆面貼去，切忌腳掌要全部挨地，不能踮腳尖。當妳小腿感覺有疼痛感時，說明妳的動作正確了，堅持三十分鐘，一個月後，看看驚人效果吧！

30 襯衫搭配，於正式和休閒裝之間任意遊走

泡泡袖，鑲有花邊、衣襬有皺褶的寬鬆白襯衫，搭上一條純棉花色裙，淑女的模樣即瞬間成型；寬鬆的長款襯衫，搭一條黑色窄管的九分褲，一雙涼鞋，清涼夏天就這麼隨意度過；格子襯衫搭上一款休閒破洞牛仔褲，中性形象隨意凸顯……看看吧！那隨意妖嬈的襯衫一族們，她們身上五花八門的襯衫和千奇百怪的搭配昭顯著，襯衫已不再以白色為主調，也不再成為上班一族的工作服，它屬於普羅大眾，屬於任何族群的人任意自由地搭配。以下就是幾款襯衫的搭配案例，有同款式的美女不妨這樣搭配喔！

Part 1 風情女人味

選擇一款胸口有蕾絲、絲質花邊，或者有皺褶、袖子為七分泡泡袖或公主袖的寬鬆襯衫，根據襯衫的顏色搭配一條棉布裙或花色裙，這樣的裝扮很乾淨、很淑女。如果因天氣緣故再外搭一件針織衫，女人味十足。

就膚色來說，皮膚白皙的女孩可以選擇純白

色、粉藍色、粉色、米黃等淺顏色的襯衫；膚色較暗可以選擇銀白色、淺灰色和淺紫色。

Part 2 復古西洋風

選擇一款泡泡袖，色調柔和，稍稍修身的襯衫，搭配一條吊帶牛仔中褲，褲子顏色最好是洗舊色，如有破洞或磨邊最好。將襯衫隨意地塞進吊帶褲，或左邊衣襟放下來，右邊衣襟塞進去，清新的襯衫融合帥氣的牛仔褲，給人舒適自然的感覺。為了讓自己看起來更帥、更酷，可以搭一款有帽沿的小圓帽，三種簡單元素，立刻打造中世紀騎士風采。

Part 3 閒適休閒款

選擇一款V領或有獨特V領設計的襯衫，這對臉型的修飾很重要。襯衫是那種隨意的寬鬆加長款，配上黑色的絲襪，一雙寶石藍高跟鞋，隨意中流露出時尚。如果想要時尚韻味更濃的話，可以在腰間繫一條寶石藍的腰帶。當然，妳也可以不用腰帶，寬鬆的版式，配上白色的帆布鞋，休閒韻味更凸出。

Part 4 性感明星樣

那種方格子，三、四種顏色搭配的長襯衫曾風靡一時，如果妳也有這樣一款沉寂在櫥櫃裡的襯衫的話，現在拿出來，配上今年最流行的黑色鉛筆褲，或者穿上灰色的一款長針織衫，裸腿穿上一雙跟襯衫中的某一顏色一致的靴子，這樣的派頭，即便參加派對，也夠潮、夠IN。

Part 5 清新田園樂

如果妳有碎花的襯衫，就是那種沒有袖子或設計有點像小旗袍的襯衫，就可以跟寬鬆的針織衫搭配了。針織衫的顏色一定是灰色或墨綠色，白色會顯得輕佻，而太花俏的顏色就會跟碎花襯衫發生衝突。而暗色調與花色調的搭配，明暗有致，清新可人。

Part 6 幹練美人裝

那種有尖領，衣襟尖尖的小襯衫，只要顏色不誇張都可以很好地搭配成套裝。這種襯衫可以跟工作短褲搭配，搭配時繫一條駝色寬皮帶最好。也可以與設計有點像小裙子的短褲搭配，一款誇張的皮帶必不可少。蕾絲裙與這種襯衫也能搭出好效果，只要能將一條寬寬的黑色皮帶繫在蕾絲裙跟襯衫的交際處，讓兩件服裝看起來就像套裙一樣。設計簡單的襯衫也可以跟白色七分褲搭配，但切記，要想搭出很幹練成熟的樣子，一定要將襯衫衣角塞到褲子裡，並搭配一條看起來很時尚的細腰帶。

玫瑰建議

那種休閒味十足的大襯衫完全可以當外套穿，比如在T恤上套一條吊帶短褲，然後將牛仔布的大襯衫套在外面，外加一副大墨鏡，青春亮麗，又別具特色；白色的棉布大襯衫，也可以當小外套來穿，比如灰色細肩帶搭配黑色窄裙，然後將白色棉布襯衫罩在外面，將兩個衣角收攏來繫一個結，衣服釦子妳可以都不繫，也可以只繫最下面的兩、三顆。

美麗延伸

看臉型選襯衫領

- 圓臉不宜配圓領襯衫；
- 長臉配尖領襯衫會顯得臉更長；脖子長不宜選V形領襯衫；
- 脖子短不宜選高領襯衫，不宜選用領口小且脖子處有皺褶的襯衫，更不能將襯衫領子豎起來。

31 馬甲背心搭配，一場時空錯亂的盛宴

說起馬甲背心，大概是這一、兩年才正式成為流行裝扮的。隨著中性裝扮大行其道，眼光比刀子還利的設計師們就迅速看到了馬甲背心在女性群體中潛伏的市場，於是，一場失控錯亂的馬甲盛宴，在新季拉開了帷幕，並大有愈演愈烈之勢。妳是否已做好了用馬甲背心來迎接秋季的準備呢？以下就幾款馬甲背心做一個簡單的搭配，美女們可以根據自己的身型狀況選擇喔！

Part 1 修身長款背心

這類背心的典型造型是，劍形的兩襬很有型且長，而背後卻只有一道窄窄的布或僅僅是兩條可以挽成蝴蝶結的帶子。因為自己控制，或者說設計本身就很修長，所以修身效果很好，高個女孩穿了這類款式，將更能襯托優美的身段。個子不高的美女，也會藉助這款背心，從視覺上拉長個頭。背心上雖然有兩排或一排釦子，妳可以只繫第一顆鈕釦，或者乾脆不扣。搭上一款顯瘦牛仔褲，如果搭配背心的T恤較短，可以在褲子上搭一條好看的腰

帶，打開的背心正好讓妳的腰帶很有型。如果T恤是長款，可以搭一條好看的金屬項鍊。鞋子一定不能馬虎，跟T恤同色，或者與腰帶同色，設計簡單的高跟鞋會最大限度美化妳的身段。

Part 2 隨意牛仔背心

如果妳較喜好這類款式和質料，那麼妳就可以根據妳的特質，將背心穿出最酷的一面，也可以穿出最漂亮的一面。就帥氣來說，搭配一款白色襯衫，搭上牛仔背心，一條黑色的鉛筆褲、黑色高跟鞋。如果可以的話，再配一頂黑色禮帽和一雙黑色的長手套，這樣的裝扮簡直讓妳酷呆了。如果想要帥氣的背心搭配出漂亮的形象也不難，穿一件可愛的蘋果綠或粉紅色的T恤，下身搭一條百褶裙，將T恤塞到裙子裡，配上一款駝色的細腰帶，兩條也不錯。黑色絲襪加平底寶石藍皮鞋。將捲曲的頭髮紮成低低的辮子，樣子很甜美喔！還有最安全的搭配，就是背心搭配T恤，然後配牛仔短褲。這樣的搭配很有朝氣，如果將頭髮梳成兩個低低的馬尾，將馬尾燙捲，整個人將更加活力四射。

Part 3 側開襟拉鍊裝飾背心

這類背心更像風衣的縮小版，沒有袖子的袖珍風衣。這類款很休閒、隨意，搭配時可與碎花雪紡裙搭配，休閒款對休閒款，輕盈浪漫。休閒款還可以搭配修身款，比如紅點白底的襯衫紮到米色長褲中，繫上好看的腰帶，然後搭上這款背心，幹練的職業女性氣質中透出些許隨意，很具親和力。

Part 4 戴帽子收腰背心

這類背心很受運動品牌追捧，因為白T恤配上這類背心，搭上深藍色的七分牛仔褲，瞬間動感十足。喜歡運動的美女穿著這類款式，會讓自己更加健康、有活力。

Part 5 超短小背心

曾一度，那種棉棉的，如同小棉襖一樣的超短小背心，成了很多美女冬季禦寒修身必備。曾一度，那種粗毛線織成的超短小背心也大受歡迎。不過，那都是內穿的背心，而今設計別致的超短小背心已經被搬上了外穿的舞臺，它的出現似乎僅僅是為了撐起妳的胸部而來。配上一款漂亮的格子襯衫，搭上一款超短的黑色小背心，衣服的層次感，將胸部托舉到了一個最完美的位置，色彩的對比也讓妳看起來很惹眼、有個性。如果內部搭配短褲，黑色半截絲襪和球鞋，感覺超棒。

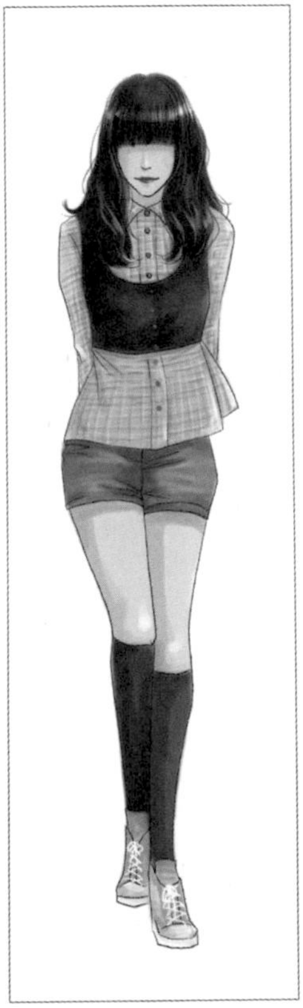

Part 6 正統的男款背心

男士背心雖然是搭配西裝穿的，但現在已經不怎麼流行。倒是由男款正統背心演變而來的女士背心大行其道。樣式很簡單，左右還有兩個口袋。但就是這樣的背心，讓追求中性美的美女捧為妝點自我的無上至品。穿一件乾淨的白襯衫，一條腰部有著特殊設計的寬鬆嘻哈褲，配上白色帆布鞋。腰上隨意的搭上一款更男性化的細腰帶，再穿上這件男款背心，簡直帥呆了。

Part 7 別致的時尚款背心

這類背心可能是由一條長絲巾演變而來，也有可能由一塊絲絨裁剪而來，更有可能是由一堆毛線做成的背心形狀。總之，這款背心很具個性、很別致。搭上白色T恤，或者細肩背心，都能演繹出一場時尚的風潮。

珍珠建議

冬季穿的羽絨背心穿起來讓整個人很圓，所以裡面搭配的毛衣或棉布衫一定是緊身的，能稍稍比背心長出一、兩吋最好。下裝可以搭配長款牛仔褲和白球鞋。想搭裙子時，最好是短款的牛仔裙、厚實的七分牛仔褲，配上高筒的登山鞋，效果很棒喔！

美麗延伸 女裝體型不足彌補法

- 腰長體型：盡可能減少腰的長度，增加腿的長度，可採用腰部打褶的裙子或褲子。
- 肥胖體型：穿上帶公主線的衣服顯得苗條、秀氣。
- 高瘦體型：可採用寬鬆有皺褶的褲子和寬鬆上衣。
- 「O」型腿：盡可能避免穿緊身褲，可採用直筒褲或長裙。

32 西裝小外套，穿出百變風格

西裝小外套是春、秋、初冬季節美女們最鍾愛的衣服。不管黑色的紗質大襬裙，穿上黑色靴子後營造出多冷酷的形象，一件白色、粉色，抑或粉藍色的西裝小外套，瞬間就會將這酷融化到蕩然無存。寬鬆的雪紡裙，會因為西裝小外套的搭配，讓淑女的氣息更加濃郁。所以，黑色長褲與白色西裝小外套永遠是職場女性最鍾愛的搭配。妳的櫥櫃是否也有這麼幾件西裝小外套，或者妳也蠢蠢欲動將西裝小外套穿到極致？以下的內容也許能帶給妳不少幫助。

Part 1 款式選擇提示

韓版短款

如果決定為自己選購一件西裝小外套，那就要遵循這個「小」字，選擇的衣服一定要精緻短小，不能拖拖拉拉，最佳的長度是腰下兩公分處。

合身剪裁

西裝小外套可不是用來禦寒的，合身的剪裁才能打造幹練與挺拔的款式，也能讓上身長的人顯得身材更優美。

大口袋西裝

如果選擇一款有大口袋修飾的西服，那麼西服的口袋一定是緊貼兩側的，且要鮮明、大器甚至於稍有點誇張，這樣才能將女人的帥氣與硬朗發揮到極致。當然，口袋不是用來裝東西的，稍稍的鼓起都會影響整體形象的完美。

色彩搭配

黑、白、棕、淺米色和紫色是時尚而安全的選擇。就質料來說，皮革、牛仔、燈心絨、毛料是西裝小外套的主材料。皮革的西裝小外套以黑色、咖啡色、棕色為佳，牛仔以懷舊色和深藍色為佳、燈芯絨以紫色、棕色和白色為佳，毛料西裝小外套顏色選擇餘地大，但款式也比較簡單。

Part 2 時尚搭配要點

- 西裝小外套的鈕子只是裝飾而用，並不需要將它扣起來。如果為了擋風或其他原因一定要扣上的話，最多扣一顆，而且是衣服最上面的那一顆。
- 西服的設計非常簡單時，就要考慮下裝以中性風格搭配，米色長褲、黑色鉛筆裙或A字裙都是不錯的選擇，這樣的搭配才會線條流暢，上下協調。

- 搭配鞋子時，最好選擇淺口中跟鞋或是靴子。穿裙子時，搭配靴子為佳，靴子顏色要與西服內層的衣服顏色一致，或跟裙子一致，比如黑色的裙子搭配黑色的靴子，外邊罩上白色的西裝小外套，層次感會更強。

- 襯衫與西服搭配，既正統又規整。西服是中性的，簡潔的襯衫與之同出一門，二者搭配共同打造幹練、優雅的職場形象。

- 要想有一種英倫書院淑女的形象，可以選購格子或印花的百褶裙搭配修身短西服，西服顏色以黑色和白色為最，其次可以選擇粉色和粉藍色。

- 要粗獷美豔，則可以選擇皮革或有巨大翻領設計的款式，佩戴誇張的金屬鍊子，一派龐克非主流的樣式。

- 牛仔西裝小外套最好與襯衫搭配，襯衫的領子如果是蕾絲邊的圓領，領子上還有絲帶更好，牛仔的狂野與襯衫的柔美混合出一種獨特的味道。下裝可以搭配牛仔褲，褲子顏色與西裝小外套顏色接近。如果選擇了白色牛仔褲，鞋子就一定是淺藍牛仔布的高跟鞋。

珍珠建議

喜歡穿裙子的職場女性，選取質地優良的套裙，搭配樣式簡單、有胸花裝飾的西裝小外套感覺不錯。當然，若裙子是花色，西服的顏色要與裙子中的某個顏色一致或接近：比如選了一件白底藍花，有一朵湖藍胸花做裝飾的西裝小外套，裙子的顏色一定是單色，為寶石藍或者湖藍為佳；若裙子是單色，西裝小外套也可以選擇與裙子反差比較大的單色，比如天藍色西裝小外套，搭配紫色裙子等；復古的條紋西裝小外套比較帥氣，搭配一條黑色的長褲。

美麗延伸

襯衫與西服的搭配特寫

- 雙襟的西服適合配寬領、圓領、白領、暗釦式的襯衫，整體的效果如能配上輕便的領帶就更為完美。
- 單襟的西服搭配圓領的襯衫比較古典，配休閒白領帶、花襯衫比較帥氣。
- 三件式西服配標準色是正統的搭配，如選用暗釦式襯衫或連領襯衫看起來比較優雅。

33 風衣搭配，妳也可以是特務J

鮮紅的嘴唇，質料考究的黑色風衣，規整光亮的捲髮，冷豔的眼神，典型的女特務造型，這個形象足以上演一齣華麗的默劇。如果平凡女人自己也能將風衣演繹出如此特務J風範，那會換來多少羨煞的眼神啊！其實，勇於嘗試，妳就會成為將風衣演繹到完美的特務J。

Part 1 短款風衣

短款風衣也許不會像長款風衣那麼帥，但只要搭配合適，也能產生很冷豔的效果。

● 黑色西裝領短款風衣：把腰帶換成寬寬的皮質，重塑女子的硬朗。如果再塗上紅豔的口紅，拎一款惹火的紅色包包或大包包，冷酷中透著誘惑，非常具有吸引力。

黑色風衣搭配玫紅的鉛筆褲，腰帶可以配合褲子也搭玫紅色，包包可以跟皮鞋同色，比

如米白色包包搭米白色皮鞋。大紅腰帶可以選擇黑色的褲子，大紅的皮鞋，顏色的中和，會產生非常不錯的視覺效果。

- 銀白色休閒短款風衣：這款風衣無論從顏色還是做工，都偏向於休閒和輕鬆。如果要有酷酷的感覺的話，可以搭配黑色的鉛筆褲。風衣裡面要配上格子的襯衫或者黑白斜紋的襯衫，鞋子最好選擇那種大頭的中筒登山鞋。這樣的裝扮既中性而且酷味十足。如果配上黑色的卡其褲，可以穿短筒的登山大頭鞋，褲子隨意地堆在鞋口。

- 灰色短款附帽短風衣：這類風衣可能設計的很簡單，沒有腰帶，附一個鬆鬆垮垮的帽子。如果覺得款式太過簡單的話，可以自己找同款材料做三、四個腰帶環，縫在衣角往上三公分的地方，搭一條黑色或駝色的腰帶，會時尚很多。如果不想那麼麻煩，風衣內可以搭配一款附帽子的亮色帽T，黑色牛仔褲，亮色皮鞋，會營造很好的韓國時尚。

Part 2 長款風衣

- 黑色長款風衣：無論是西裝領還是大翻領，抑或圓領，都能搭出很酷的味道。西裝領的長款風衣，搭配黑色的鉛筆褲，細高跟的黑色皮鞋。當然風衣裡的衣服顏色最好鮮豔些，像紅色或玫紅都是很棒的點綴色。

風衣是七分袖或五分袖，搭配藏藍或湖藍的緊身高領毛線衫，顏色反差不大，酷酷的感覺依舊很濃郁。如果讓自己看起來更炫目，緊身毛線衫可以是低領的大紅色、玫紅或粉藍色，脖子可以用黑白點的絲巾做裝飾。風衣也可以直接搭配黑色長筒靴或者大紅色長筒靴，脖子上有一款誇張的飾品點綴就好了。還有，一定要戴一雙跟靴子顏色一致的長筒皮質手套才夠味。大翻領的黑色七分寬短袖風衣，也可以用以上的搭配方式。

● 白色長款風衣：白色或銀白色的長款風衣，看起來很柔和，配一款同料子的腰帶，在腰間繫成蝴蝶結，成熟又有女人味。這樣的風衣搭配白底黑點的高領棉布衫，配上淺灰色的卡其褲，黑白相間的高跟鞋，再將頭髮高高束起，馬尾微捲，很有富家小姐的風範。如果這樣的搭配有些過於女人的話，風衣內可搭配一款黑色或紫色的圍巾，將風衣領子豎起來，風衣下面可以搭配一款黑色或黑紫兩色的細肩裙，黑色絲襪配上高跟紅色皮鞋，會給人強烈的視覺衝擊感，這時風衣的釦子要解開，風衣帶子可以繫到風衣後背。如果風衣的下襬足夠大，也可以下面什麼也不搭，只配一款跟風衣同色的靴子就ＯＫ了。

● 寬鬆風衣：日韓風格的風衣，更注重內部服裝搭配的層次感，變化組合間顯示東方女性的含蓄柔情。這類風衣更像線織的，純白色中混入了黑色線條，搭配一雙緊身的長款皮質手套會讓這原本普通的衣服瞬間時尚起來。皮質的褲子或皮質長筒靴也是必搭元素；直身風衣搭配寬鬆褲，會給人幹練職業的中性氣質；如果妳喜歡包頭巾的話，這款風衣倒適合搭配一款長度過膝的連身裙，頭巾、風衣、裙子，勾勒的是不是波西米亞女郎的派頭。

● 其他顏色的長款風衣。如果妳選擇了其他顏色的長款風衣，也不要覺得無從搭配，遵從亮顏色風衣搭配深顏色褲子，以及腰帶跟鞋子顏色搭配的原則就OK了。

珍珠建議

風衣配褲子，一定是深顏色的；要多用配飾，如圍巾、背包、帽子等來進行風格變換，比如配一款大圍巾或大背包，會給正經八百的風衣帶來些許休閒感；不管妳穿什麼風格的風衣，裡面搭配的風格偏向什麼風格，總體風格就會跟隨變化。

美麗延伸

服裝與身材的近距離配對

- 中瘦身材：最好穿淺色衣服、斜紋、橫條紋、格子、花布、連身裙等服裝，能從視覺上豐滿體型。直條紋的衣服只會將原本瘦弱的自己看起來更瘦。
- 高瘦身材：適合穿上下分色服裝，這會給人不是很高的感覺，不宜穿直條紋套裝，以免增加視覺高度。
- 矮型身材：適合穿同色套裝、連身裙、風衣等給人視覺上造成高一點的錯覺，不宜穿上下相等但色澤不同的套裝，這樣會造成視覺上的短矮感。
- 矮胖身材：適合穿深色直條紋套裝，給人感覺瘦長一點，不宜穿短大衣、連身裙、短裙，以及方格、橫條紋的衣服，這都會增加視覺上的胖度。若上衣是花色，下衣是深色的，會對整個人的體面積有效分散，能減少視覺上的矮胖感。

34 水桶腰遮蔽法，好身材是穿出來的

櫥窗裡的那些衣服多漂亮啊！大街小巷花枝招展的窈窕淑女們隨意招展風姿，可是遺憾啊！妳這一身的贅肉，杜絕了與漂亮衣服的緣。死命的減肥達到瘦身效果，還得等多少年？其實妳完全可以減肥、穿靚衣兩不誤的，因為搭配得當，即便妳有水桶腰、大象腿，也可以呈現出纖美的視覺效果喔！

Part 1 寬鬆的飛鼠袖

那種有著好看的花邊，七分飛鼠袖，顏色為銀灰、藏藍的絲質衣服，穿在身上一定超級涼快和舒服，可是妳的水桶腰心狠手辣斬斷了妳對它所有的欲望。其實，不必那麼痛苦，這件衣服其實為妳的水桶腰專門訂做的喔！寬寬的袖子掩飾了手臂的肥肉，而寬鬆的下襬擋去了腰部的贅肉，配上瘦身的黑色牛仔褲，高跟的涼鞋，

再搭配一款簡單別致的長項鍊。沒有理由妳的水桶腰還在別人視野裡肆意蹧蹋妳的自信。

Part 2 飛鼠袖大披領休閒長款毛衣

長款飛鼠袖毛衣，因為是直筒的，所以並不能很好地勾勒線條，而這樣的款式正好掩蓋了腰部的粗壯，再搭配瘦身的七分牛仔褲，穿上高跟鞋，儼然就一窈窕淑女。

Part 3 領口有皺褶花邊的雪紡裙

雪紡裙的設計很特殊，瘦子繫一條腰帶，就能很好凸顯線條，而胖子就那麼鬆鬆垮垮穿著也不嫌胖。如果妳胸部小，而且又有著水桶腰，雪紡裙的衣領皺褶花邊就能很好地掩蓋妳胸部的缺陷，而飄逸感極重的雪紡裙襬，又可以幫妳掩飾腰部的贅肉。

Part 4 小西裝與格子襯衫

水桶腰美女也有選擇西裝小外套的權利，當然西裝內部的搭配一定要夠好。一件灰白兩色小格子的襯

衫，襯衫的衣襬最好呈半圓形。外搭一件深色V領衫，然後配上西服就OK了。襯衫的半圓衣角形狀轉移人的視線的同時，對於水桶腰具有很好的內收效果，襯衫、V領衫、黑色西服的層次感很抓目光，這樣人們關注妳水桶腰的可能性幾乎為零。如果配上一款瘦身效果很好的牛仔褲和高跟鞋，一副精幹OL形象無法掩飾。

Part 5 大T恤吊帶加外套

就秋季裝扮來說，水桶腰美女可以選擇一款瘦身長細肩帶，再外套一件寬鬆的大T恤，最好肩帶有兩公分露於T恤外。最關鍵的是外套了，外套要選擇一款跟肩帶同色系的飛鼠袖開襟寬針織衫，整個長度最好能夠及臀線。搭上黑色或深色瘦身牛仔褲。這樣的裝扮，既掩蓋了腰部贅肉，附帶還擋了大屁股，一舉兩得。

珍珠建議

很多人以為，水桶腰搭配一款腰帶，可能會很好地掩蓋缺陷，事實上，這樣的搭配只會讓妳的腰部看起來更粗，要嘛混搭轉移別人視線，要嘛穿下襬比較寬鬆的衣服，而且細節修飾非常重要，比如掛在脖子上的長項鍊，內搭衣服的下襬剪裁不規則等，對於細節的關注也能很好的轉移他人投注到妳腰部的視線。

美麗延伸 水桶腰要命七招式

- 控制餐飲：控制好一日三餐，以少量多餐為最佳，食物以青菜為主，少吃麵食。
- 少吃零食：零食是妳體重不斷升高的罪魁禍首，一定不能隨時隨地往嘴裡塞東西。
- 在辦公桌上放瓶水：水有助潤腸通便，多喝水對皮膚也好。當然，對付飢餓時，喝水也是最自制的方法。
- 精神壓力不能以食物解決：工作壓力、情感壓力襲來時，不要化悲痛為食量，而應找朋友說說，或者出去散散步，做做運動，愁緒化解的將更快。
- 少上館子：飯館的飯菜往往比家常便飯含有更多的能量和脂肪。
- 不要一個人進食：跟朋友一道進餐，談話和交流有助妳的細嚼慢嚥，而細嚼慢嚥的人往往不容易發胖。
- 不吃自助餐：多次進食自助餐只會培養妳的資深飯量。

35 五款衣服，獻禮太平公主

胸部小，穿衣服沒型，無論腿多修長，腰部多纖細，仍有著無法阻擋的缺陷。其實，也不用一、兩件衣服將妳的自信打入十八層地獄，選擇可以托胸的衣服，不是很好的彌補辦法嗎？

Part 1 胸部獨特設計襯托胸部曲線感

那種胸部設計顯得較鼓的衣服，或者領口有花邊皺褶的設計能讓平坦的胸部很有曲線感，翻領的設計讓胸部更加立體，而黑色的質料更突出了這種效果。

搭配建議：不要覺得懶而放棄選擇，實際上有荷葉邊、蝴蝶結、蕾絲這些女孩風貌的元素在胸口裝飾，既能托起妳的胸部，還能增添性感。

Part 2 花朵條紋為小胸加油

如果胸部顯得小，可以穿一款有大花朵的淺V領細肩衫，或細肩裙，超大的花朵圖案視覺的擴張感很強，讓胸部看起來也很豐滿。如果給有著大花的裙子配上一條腰帶，腰部的纖細感也能襯托胸部的豐滿。橫向條紋有顯胖的效果，豐滿的美女最好不要嘗試，但小胸美女就可以大膽上身了，如果橫條紋的裙子胸部還有小皺褶，可幫助小胸部一挺再挺了。

搭配建議：細肩大花V領裙如果太過性感的話，可以搭配一件白色的領口有花邊和蕾絲修飾的高領襯衫。

Part 3 高腰線小上衣讓平胸凸凹有致

高腰線的小上裝或裙子，因為在靠近胸部的地方做了修身設計，使得貼近胸部衣服顯得比較鼓，如果有蝴蝶結或者其他皺褶修飾，整個胸部會從視覺上增大很多，而且衣服層層疊疊的下襬，也會讓女孩的可愛甜美肆意綻放。值得一提的是，低胸的款式，豐胸的效果更好。

搭配建議：高腰線的小上衣是百搭的單品，既可以單穿也可以配牛仔褲，天氣冷的時候還可以穿上超短小外套，真可謂少投資、多搭配！

胸口小飾物讓側面更完美

任何醒目的小飾品都能讓胸部不再一馬平川，尤其將胸花、吊墜搭配於那種看起來更像胸罩款設計的領口中間，胸花、項鍊、飾帶的垂吊感，都會壓低乳溝線，而凸顯胸部隆起線條。不但讓妳的側面好看，正面更好看。

搭配建議：如果衣服上有飾帶、胸花、項鍊裝飾，衣服的款式就要簡單，不能太誇張，以可愛為主。

玫瑰建議

不宜穿風衣，那會讓妳看起來像裹著風衣的稻草人。而且，風衣本身的重量使風衣下垂，緊緊貼在扁平胸口上，更加暴露缺陷；不宜穿貼身上衣，開口較深的V字領型服裝也不宜穿，這會產生「小題大做」的感覺；選擇質軟但不鬆垮的服裝比較適合小胸美人，厚重的布料則不適合；絲質衫、針織衫單穿是禁忌，一定要兩件搭配才行。

美麗延伸　小胸美女的兩款豐胸食譜

- 木瓜蜂王漿：新鮮木瓜1/4個，杏仁1兩、蜂王漿1匙、蜜糖少許。將所有材料用攪拌機攪勻，晚飯半小時後飲用。
- 蘋果蝦沙拉醬：新鮮蝦仁、蘋果、紅棗適量，將紅棗煮成汁備用，用熱水煮熟蝦仁，將蘋果切成小塊，將紅棗湯汁加入沙拉醬，澆淋在蝦仁、蘋果丁上即可。
- 玉女美胸酥：花生、紅棗、黃豆、枸杞適量，花生、黃豆烘乾磨粉與切碎的紅棗、枸杞拌勻，加水捏成球狀，放入烤爐以150度烘烤15～20分鐘即可。

36 膚隨色變，提亮膚色的衣款選擇

儘管很多時候，我們相當喜歡一款衣服，可是穿在身上，會發覺衣服的顏色將整個臉色襯得非常灰暗，而灰暗的膚色也同樣影響了衣服的上身效果。選擇什麼顏色的衣服搭配自己，如何解決自己喜歡的衣服與暗膚色的矛盾，成了很多人心頭難以除去的病。其實沒那麼複雜，很多時候一件原本讓妳看起來灰暗的衣服，只要搭上一款亮顏色的包包或圍巾，妳整個人會瞬間容光煥發起來。

Part 1 黑白經典

對皮膚天生較黑的人來說，似乎黑色的衣服不會襯得自己的皮膚更黑，所以，她的櫥櫃裡百分之九十九的衣服大概是黑色或暗色調的。不過黑色衣服提亮膚色的同時，是不是讓妳整個人顯得沒有精神，經典的黑白搭配往往能解決這樣的矛盾。黑色亮膚，而白色點亮了裙子和身段，讓妳在黑白的經典色裡對時尚遊刃有餘。

Part 2 暖色柔情

如果膚色偏黃，穿黃色系的衣服，會讓自己看起來很病態，但如果實在喜歡黃色的暖色調，那麼下身的搭配就要點亮膚色。比如淺色的牛仔褲搭一條由絲巾演變的彩虹腰帶，在胯部挽一個好看的花結，這樣的裝扮會轉移人落在妳臉上的注意力。如果妳能穿著露肚裝，讓自己性感的小肚子忽隱忽現的話，健康的氣息會沖淡臉上的暗黃色調。

Part 3 銀紫魅惑

紫色儘管顯得人很媚，但僅僅是種頹廢的媚，沒精神，如果妳自己選中了一件款式相當亮麗的裙子或衣衫，但又怕讓自己顯得不振作的話，不妨以金色或駝色飾物來妝點自己。紫色裙子可以搭配金色或駝色的腰帶，這種亮色調，會給人眼前一亮的感覺。如果是紫色的細肩衫或棉布衫，那麼下身搭配的牛仔褲就要配上駝色或金色的寬皮帶。不過，還是建議膚色較暗，看起來臉色有些疲倦的美女最好不要選擇灰藍、紫色這種色澤的衣服。

Part 4 花色純愛

灰色或咖啡色都顯得黯沉，黃色對黃膚色的美女來說也不好，想要自己很健康又很活躍的樣子，不妨選擇一款顏色偏向於亮色和暖色的衣裙。那種白底，四、五種豔色或淺色調妝點的花裙子就適合膚色暗，或皮膚黃沒精神的美女。衣服顏色中一定不能出現灰色、咖啡色等暗色調。當然，對皮膚較黑的美女來說，這款裙子對於自己膚色的幫助還不是很大，一條金屬鍊的黑色個性腰帶才是搭配重點。

Part 5 寶石藍璀璨

寶石藍對於膚色黯沉、灰暗的美女簡直就是福音。藍絲絨質地的衣服質感柔軟，還泛著光澤，穿這樣的衣服，原本看起來遭遇陰霾般的肌膚會瞬間發亮起來。當然寶石藍對於膚色偏黃的美女同樣很重要。

Part 6 土紅戀曲

大地色的衣裙，如果膚色不是足夠白皙明亮是無法很好駕馭的，但恰恰妳會因款式漂亮而購買這類顏色的衣服，黯沉的肌膚，偏黃的顏色會因這件衣服的幫助更加黯得深沉，黃得病態，怎麼辦？最佳的方法是搭配一款亮色的包包，比如紅色，鞋子的顏色也要跟包包同色。因為包包足夠搶眼，讓整體搭配有了亮點，妳的灰暗就不會明顯到無以復加了。

玫瑰建議

膚色不太好的人選擇多個顏色搭配時，也要強調暖色調，色彩要明快、淺淡，以暖色為主。妝容上可以選用桃紅色、珊瑚色、紫紅色唇膏，讓膚色更加完美。

魅力延伸：六步按摩，輕鬆提亮膚色：

- 以眉心為基點，用食指、中指、無名指向太陽穴方向畫圈按摩，皮膚有向上拉扯的感覺，順勢推拿按摩太陽穴。
- 用中指指腹向下順直輕輕按摩鼻子兩側，左右兩側各按摩三次，有舒展肌膚和防止橫紋出現的功效。雙手中指指腹緊貼鼻溝，一點一點向下推移，大約六次，有排除鼻頭污垢的功效。
- 用食指和中指指腹從下唇正中心滑向左右嘴角進行按摩，大約三次，有緩解皮膚鬆弛的作用。
- 用食指、中指和無名指輕輕拍打太陽穴，促進淋巴循環，有助肌膚排毒。
- 以眼角為基點，用中指和無名指指腹覆蓋整個眼部，輕柔向外側按摩，持續三次。
- 這套動作每週做兩次，每次五分鐘。

37 配對身型，穿衣服不能太馬虎

新款服飾層出不窮，年年名牌新裝發表會亮點跌出，追到最後愈發迷茫，哪一件才是我的衣服？流行風向球，追隨也要追的優雅從容，穿到身上的好看，才是真的好看。

頸部較短

穿V領視覺上拉長頸部線條這是個不爭事實，所以脖子較短的美女選擇穿V字領或低領的衣服最合適，避免穿高領、高襟，或有蝴蝶結修飾的衣服。

頸部較長

套頭裝對脖子較長的美女來說具有很好的縮短作用。但妳想要將自己的鎖骨露出來，展現性感的話，頸部一定要用飾物來修飾，那種可以圍兩、三圈的絲巾式項圈就很不錯。

肩高

肩膀聳起的美女可選擇穿一字領、交叉肩的衣服，能緩和聳起的肩線，縱的條紋能顯示它的長度。避免穿厚墊肩、肩上有飾物的上衣。

肩低

肩膀較低，適宜選擇泡泡袖、有肩墊或有皺褶的上衣，還可選擇偏重肩端設計或橫格條紋的衣服，這類款式能加強肩部幅度。避免穿開襟大的設計、交叉設計的款式，更不適合穿露肩、緊身袖的衣服。

臀部太大

臀部太大，宜穿上半身較為寬鬆的衣服。如上身加肩墊、下身穿蓬裙或A字裙。避免穿短上衣、粗腰帶、滑雪褲、窄裙等。

臀部平坦

蓬裙、百褶裙具有最佳的突出效果，穿著這類裙子，可顯臀部的豐滿。臀邊不要有皺褶，避免穿太短的上衣或喇叭裙。

臀部突出或下垂

宜穿長上衣、百褶裙、寬鬆的長褲。穿裙子比穿褲更能隱藏缺點。避免穿有後袋設計的褲子，這會令臀缺點更凸出。

上身太長

宜穿高腰褲、高腰裙，使上身顯得較短。寬鬆的上衣、毛衣使腰部線條不明顯；直筒長褲配粗腰帶，也能讓上身看起來較短。

胸部太小

應加強上身的分量，尤其胸前，利用蝴蝶結、衣褶、胸飾或肩墊來襯托。

胸部太大

宜穿小翻領，可轉移對胸部的注意力；或穿過膝的長裙，取得與上身的平衡；穿不束腰的上衣。避免穿大翻領的雙釦上衣，這會顯胖；泡泡袖、胸前有大口袋、圖案等裝飾的衣服最好避免。

美麗延伸　私密三招數完美臀形

● 扶牆踢腿練習：雙手扶牆，左腿支撐，上身保持正直。右腿伸直向後踢二十至三十次。換右腿支撐，踢左腿。重複二至三次，再向側踢二十至三十次，重複二至三次。

● 站立夾臀練習：腿站立，挺胸、收腹、立腰。臀部肌肉用力收縮向中間夾，保持一段時間，然後放鬆。重複二十至三十次，完成二至三次。

● 扶牆控腿練習：雙後扶牆，左腿支撐，上身保持正直。右腿伸直向後抬至極限停住，保持三十至六十秒，然後落下放鬆。換右腿支撐，左腿後抬。重複二至三次。

「褲」味十足

因為工作室要搬遷，老闆難得大方為珍珠、玫瑰放假一星期。這可不是去國外給明星做造型，也不是參加五花八門的活動，更不是以做造型的名義跟隨客人飛這飛那，這是一次完全自由的假期，一個不用考慮造型、衣著、搭配的假期，一個完全可以做普通女孩的假期，這樣的假期，讓兩人開心至極！

珍珠立刻決定回鄉下探望奶奶，順便去看看那頭自己看著長大的老黃牛。

玫瑰的家就在這個城市，假期雖然難得，但她並沒有計畫，逛街掃貨沒意思，在家睡覺虛度光陰，飛別處度假又沒有合適的玩伴。在她唉聲嘆氣之際，珍珠丟來一張開往鄉下的車票，據說那裡美得就像一個傳說，這讓玫瑰欣喜若狂。

收拾行囊時，珍珠建議玫瑰別帶太性感的衣裳，鄉下人看不慣。不過上火車時，珍珠還是被玫瑰的行頭嚇出一身冷汗。

時值三月，春寒料峭，玫瑰卻穿著超短裙，裸腿穿著中跟高筒靴，寶石藍的大V領飛鼠衫，外罩了一件長風衣。大捲髮上戴著一頂扁扁的毛線帽，鼻樑上還架著一款白邊的墨鏡。那樣子說是外拍模特兒比較像，怎麼看都不像到鄉下度假的。

「我以朋友的名義，勸諫妳趕緊去廁所換掉這身衣服。這可不是去熱帶國家度假耶！」珍珠雙手合十央求道。

「我這身裝扮怎麼了?這是最時尚的度假裝好不好！再說，平時在工作室上班，性感全被落地玻璃隔絕了，現在好不容易外出一趟，妳能不能行行好，就讓我的小性感稍稍釋放釋放！」一般情況下，還沒有人能說動玫瑰改變自己已經做好的造

Chapter 8

型。

其實，說來珍珠的裝扮也並非鄉土味十足，做為混跡時尚圈多年的人，時尚的氣息早已深入骨髓，即便想著要穿得鄉土，但搭配過程中還是身不由己地選擇了時尚。

「白色的圈圈耳環，白色的墨鏡，湖藍寬髮帶，斜紮的捲馬尾，黃色飛鼠袖大T恤，湖藍色顯瘦牛仔褲，黃色的高跟鞋，還有這淺紫色的針織厚外套，難道妳覺得妳這身裝扮比我鄉土嗎？」玫瑰立刻針鋒相對道，那意思就是咱倆好好上路，誰也別說誰。

奶奶八十多歲了，鶴髮童顏，精神矍鑠，樂呵呵一副慈悲笑臉。老人家很開放，並未拿兩人的衣服嘮叨，只是玫瑰一坐下，她便扔來一薄毯子，警告小心老了得關節炎。

在聊天的過程中，三人也談到了時尚，奶奶打開自己的櫃子，說自己年輕時穿過的衣服，過不了兩年都有可能被搬上潮流的舞臺。玫瑰果真意外發現，奶奶年輕時穿過的一件短款紅色棉襖，這兩年正在市面上走紅；一條看起來像直筒褲，走路時，褲管的寬皺褶中的玫紅材質非常搶眼的褲子，去年秋季就非常流行。

奶奶看不上珍珠腿上的鉛筆牛仔褲，她說這不利於腿部血液的循環，而且穿在腿上，將腿形的不足全都勾勒出來了，只有自信過頭的人才會這麼穿。她說，如果她像珍珠這麼年輕，挑選的褲子一定是那種看起來像裙子，實際上是褲子的寬腿褲，穿了既健康又有氣勢，配上白色襯衫，隨意地塞到褲腰裡，搭上一條好看的腰帶，整個人颯爽的就像女兵。

這樣的話惹得珍珠哈哈大笑，不過，玫瑰的眼前立刻就浮現出了奶奶所謂的那種造型，看起來的確相當颯爽。

隔天，玫瑰穿了一條五分細肩裙褲，配了白色T恤，穿了白球鞋，然後裹了一條大披肩出門，奶奶誇讚褲子的同時，說如果配上七分袖白色襯衫，穿上黑色的打底褲會更好看。玫瑰當時相當震驚，她覺得一個八十多歲的老太太是不會知道這麼多新潮的詞，更不會懂得搭配之道的。

兩人瀏覽了一番鄉下山水回來後，玫瑰按照奶奶所說的搭配了一番，果真也是別具風味。

來鄉下第五天，珍珠想帶玫瑰去山上看鄉下的夕陽。玫瑰穿了七分捲邊牛仔褲，上身穿著泡泡袖花色雪紡衫，別了一款跟衣服顏色相近帶飄帶的胸花，大捲髮戴了一頂花格子鴨舌帽，穿著低跟的運動鞋，看起來漂亮極了。不過，奶奶目送她們出門時，又笑著說，這樣搭配也很漂亮，不過如果給這條牛仔褲配上胸口有蝴蝶結的白色長款雪紡衫，配上黑色細腰帶，戴一頂粉紅色棒球帽，再配上這雙有粉顏色的格子低跟鞋，也會相當亮麗。

這次玫瑰的疑問更濃了，難道奶奶是被珍珠潛移默化了？晚上收拾行囊，她無意中從珍珠皮箱看到了奶奶說的白色雪紡衫，也看到了一款黑色的細腰帶，拿出這件衣服，按照奶奶所說的裝扮，照了照鏡子，玫瑰突然恍然大悟，一定是珍珠教奶奶那麼說的。這小妮子總是試圖用自己的打扮風格來影響自己，以前總這樣，不過從未得逞過，倒是這回，讓奶奶幫她得逞了，玫瑰又好氣又好笑。

隔天回去的路上，珍珠按照玫瑰的指點，穿了玫瑰喜歡的造型，而玫瑰按照珍珠喜歡的樣子，搭配了衣服。沒想到這樣的裝扮並不彆扭，反而收到了更多注目禮。

兩人互擊手掌，褲子搭配的學問看來絕不比衣服少，千人有千人的想法，不過，不管怎麼說，只要遵循了某些搭配的原則，即便是自己不喜歡的服裝，搭配得當也能穿出迷人效果。

38 長褲：最安全的武裝

有人說，穿長褲有三大好處：遮擋腿形缺陷、顯腿長、不被色狼盯梢。言歸長褲，如果妳穿了長褲還能被色狼盯梢，那麼妳的搭配技巧一定應用到了極致，長褲性感誘人的一面在妳那裡有了充分的發揮。這似乎是聽起來有些饒舌的道理，以下就用實實在在的搭配方案來解釋長褲的魅力吧！

Part 1 長褲說明

我們這裡所謂的長褲，主要以小喇叭褲、直筒褲、錐形褲、鉛筆褲為主，而質料包括牛仔、卡其布、毛料、亞麻和彈力線褲。

Part 2 長褲顏色

就夏季來說，漂亮的美女們多數以短褲示人，長褲穿的最多的也就屬牛仔褲和卡其長褲了。秋、冬、春季節因為天氣比較寒冷，所以美女們選擇穿長褲的機率才高一些。不過，就長褲的顏色來說上鏡最高的，大概就是白色、黑色、灰色、駝色、泥土色、深藍、褐色和米色了。豔色系如大紅色、玫紅色、寶石藍、粉色等色澤長褲，只有運動褲中出現的機率較高。以下就一些常見顏色進行搭配說明。

白色搭配原則

白色乾淨，與任何衣服搭配都不會難看。不過，要擺脫普通，搭出特色還得下一番功夫。一般來說，白色下裝搭配條紋的淡黃色上衣，是柔和色的最佳組合；白色的長褲與米色襯衫搭配，氣度非凡；白色長牛仔褲搭配粉藍色襯衫，將襯衫塞到褲子裡，搭上咖啡色裝飾寬腰帶，最OL非妳莫屬；灰白色長褲還可以與夕陽紅、脖子有蝴蝶結緞帶修飾的襯衫，如果褲子的腰部設計獨特，即便不繫腰帶，高腰褲也能與夕陽紅襯衫搭出完美的感覺。下身著象牙白長褲，上身穿淡紫色西裝，配上純白色襯衫，不失為一種成功的配色，可充分顯示自我個性；象牙白長褲與淡色休閒衫配穿，也是一種成功的組合。白色長褲搭襯衫外罩針織衫，不管長款、短款都很好看。白色長褲與寶石藍襯衫搭配時，質料最好是絲質的。

切忌：白色長褲一定不能搭黑色皮鞋，尤其純白的褲子與尖頭的黑色皮鞋搭配，經典的黑白搭就會成為一個笑話。淺色褲子與淺色襯衫和外套搭配較好，一定要選擇深色系襯衫的話，白色褲子只能搭黑色、紫色、褐色襯衫，但襯衫一定是輕薄的那種，而不是厚重、壓抑的顏色。

藍色搭配原則

藍色長褲以藏藍色和深藍色為普遍色，淺藍色以牛仔褲居重。就深藍色或藏藍色的卡其長褲來說，搭配一款米色、白色、夕陽紅、淺粉、粉藍的襯衫也都不錯，深色與淺色的搭配會讓人沉穩中透出絲絲俏皮，很適合年輕的上班族美女。深藍色搭配外套時，可選擇白色的西裝小外套、黑色的皮衣或者大紅的風衣。那種深藍色鉛筆褲，搭配紅色或夕陽紅的長款毛衣，會讓妳的身材更修長。淺藍色牛仔長褲，除了跟黑色、褐色、棕色這些深顏色衣服搭配有些彆扭外，亮色或中性色的上衣都可以與之搭配。藍色褲子搭配的鞋子一般以襯衫顏色為準，如果讓自己顯得更莊重的話，黑色、深紅色、深咖啡色的皮鞋不錯，但款式設計要時尚，以免讓自己落入俗套。

切忌：直條紋的深藍、白色相間的襯衫與藍色長褲搭配時，最好領口有蝴蝶結之類的裝飾修飾。上身寬且肥的美女一定不能選擇橫條紋的襯衫。

褐色搭配原則

褐色算是低調色，褐色的褲子配合白色、銀色、泥土色、紫色上衣，留給人的印象是低調、沉穩。所以，不管是跟這幾個顏色的襯衫搭配，還是跟針織衫抑或外套搭配，衣服上都必須有亮色調的點綴進行裝飾。比如白色襯衫搭配花色的襯衫領子；為銀色V領套頭針織衫搭配一朵深紅色或寶石藍的胸花，土黃色西裝小外套搭一條黑色或者深藍色的寬腰帶；紫色風衣有誇張的領子，內襯的衣服為亮色等。米色的長褲搭配鞋子時，顏色最好以襯衫或外套內搭的衣服顏色為準。

切忌：褐色的長褲與格子襯衫或格子西裝小外套搭配時，最好有腰帶修飾，因為格子顯胖。

黑色的搭配原則

黑色是種百搭不厭的色彩，幾乎跟什麼顏色的襯衫、針織衫、外套都能搭配。黑白色是經典色，黑褲子搭配白襯衫當然最合適了，黑色褲子也能咖啡色的襯衫或針織衫搭配，不過這兩個顏色會讓妳看起來很老成、很死板，所以最好不要搭到一起，一定要搭的話，襯衫最好有色彩明豔的領子和袖口，穿黑色小外套，外套內搭的衣服一定要明豔；黑色的鉛筆褲與黑底白圖案的Ｔ恤搭配，效果非常棒；黑色的卡其褲子與紫色絲質襯衫搭配，輕薄的上衣與深沉的下裝有著完美的中和；黑色褲子搭配的鞋子一般以黑色皮鞋居多，也可以根據腰帶、包包的顏色一致。

禁忌：黑色褲子最好不要搭配白色皮鞋，黑色的褲子與花色襯衫搭配效果完美，但與花色外套搭配，會讓妳看起來品味不高。黑色褲子搭配的襯衫顏色，最好是淺色或中性色的，深色以寶石藍或紫色為最佳，但膚色黯沉的人，黑色與紫色的結合只會讓自己看起來膚色更黯淡。

米色搭配原則

職場女性幾乎都有好幾條百搭的米色長褲，不管是深色系還是亮色系，都能與米色長褲搭出好效果。即便是米色的西裝小外套與米色長褲搭配，也不會引來非議。休閒的米色長褲搭配各種小Ｔ恤都能青春亮麗，與玫紅色大Ｖ領針織衫搭配時，配一款米色的大包包，就會很好地壓住上身顏色的過度炫麗。與米色長褲搭配的鞋子，最好以黃色系或紅色系的顏色為重。

切忌：與黑色相比，米色純潔柔和，不過於凝重。不過米色與襯衫搭配時，配一款中性色的駝色腰帶，效果最佳。

玫瑰建議

略帶彈性的純棉小喇叭褲最適合搭配時髦的厚底鞋。上身穿著寬大的長款外套和緊身的毛衫，顯示出無限活力；錐形的黑色瘦腿長褲在任何時候都有使雙腿顯得修長的魅力；長及鞋面的褲長與同色皮鞋的組合也是天衣無縫，起到了延長雙腿的視覺效果，建議自認為腿短的美女這樣搭配。

美麗延伸

粗、短腿美女選衣要點

如果妳覺得自己的腿有點粗，或者過於短的話，可以藉助長褲來彌補缺陷：

- 短腿：宜穿高腰上衣加短裙或打褶裙、高腰裙、高腰褲。避免穿太長的上衣、連身裙或長裙。穿長度只到腳踝的長褲，在冬天看起來不僅有點「冷」，而且還會產生腿短了一截的錯覺。如果褲長比妳平時穿的長出一、兩公分，再配上高跟鞋，個子自然會拉高一些，但也不能太長，以免堆在鞋面，看起來邋遢。
- 粗腿：應避免穿緊身的褲子，過緊的褲子暴露了豐滿的臀部與大腿，而且緊繃著雙腿，更突出了腿部贅肉的發達，建議改穿直筒褲，或者長及大腿的上衣。宜穿A字裙，避免穿短上衣、百褶裙、滑雪褲。

39 寬腿褲：不走尋常道

借用珍珠奶奶的話說，那種寬腿褲穿起來是不是很颯爽？對身材適中或較矮的美女來說，寬腿褲搭配漂亮的襯衫或泡泡袖雪紡衫，都會營造出既舒服又大器的模樣，還會拉長腿形喔！以下我們就針對修長的長寬腿褲和五分寬腿褲，進行一個簡單的搭配旅程。

Part 1 長寬腿褲

● OL的經典裝扮：對OL來說，高腰、中腰、低腰的寬腿褲都能與襯衫搭配出完美的效果，也能外罩針織衫，是春、秋季節扮靚的首選。經典造型有：

灰白兩色的直條紋長褲，搭上緊身的寶石藍或湖藍大圓領針織衫，盡情展現褲子高腰的魅力。高跟鞋一定要選擇那種粗跟的，要不然會有分量的失衡。外搭米色風衣，敞開鈕子，效果更佳。

灰色牛仔高腰寬腿褲搭配胸部有皺褶修飾的白色襯衫，適合胸小且個子矮的美女。高腰寬腿褲可以拉長腿形，而襯衫的皺褶可以飽滿胸部，外面可以罩一件粗毛線長針織衫。對於矮個美女這樣的裝扮就是福音。

淺灰色高腰褲可以搭配玫紅色或花格子襯衫，精緻的高腰製作還不留多餘的襯衫衣角。拎一款黑色或亮皮灰色包包上班，也相當精幹。外套可以選擇開襟毛衣，顏色以米色或白色為好。

格子的高腰寬腿褲適合偏瘦的美女，搭配豔色的襯衫，比如大紅、夕陽紅、粉紅或粉藍色，也能飽滿上身。胸部太小，也可以在領口的花邊和皺褶上做文章。

黃色寬腿褲跟亮豔色的襯衫搭配都搭不出太好的效果，只有淺藍色與之搭配感覺最好。不過，搭配時不能像其他顏色的寬腿褲一樣，將襯衫塞到褲子內，而是選擇一款有腰身的襯衫，將衣角自然垂下，然後再選擇一款中性色如駝色的腰帶繫於衣服下襬。這對有小肚子、腰部較粗的美女來說，也是不錯的選擇。

腿短、上身長的美女，為了協調，可以穿腰部設計更誇張、更高的寬腿褲，搭配一款紗質輕薄的淺色襯衫，誇張的高腰褲會縮短上半身，而拉長腿形，而輕薄的紗質襯衫會減緩上下比例。如果美女的胸部較小，紗質襯衫領口有長緞帶修飾就很完美。

● 個性美女裝扮：穿一款黑色如同寬裙子一樣的寬腿褲，搭配黑色背心，頭髮挽成一個鬆散的髻，斜挎大包包，這樣的形象再經典不過了，就連很多大明星都是以這樣的造型自由行走於街頭巷尾。此外，喜歡街舞的美女都有一款或多款色澤不同的個性寬腿褲。

吊帶搭配寬腿褲，這樣的搭配在於，用簡單中和複雜，上身線條勾勒的很玲瓏，不管下身的裝扮多自由，也不會影響整體的線條。

T恤搭配寬腿褲，也就是休閒對休閒，不會出現多大差錯。

牛仔寬腿褲，搭配緊身的針織衫，配合明亮的顏色，也能產生不錯的效果。大腿較粗的美女可以做為首選。

寬腿吊帶褲，與休閒襯衫也能搭配好效果。

Part 2 寬腿短褲

- 休閒寬腿褲：強力推薦學生美女穿，逛街、外出遊玩時，也可以搭配。黑色的寬腿休閒短褲最好是吊帶的，搭配白色的T恤或花格子襯衫，休閒味十足。休閒寬腿褲與白襯衫搭配，具有很搶眼的青春韻味，短髮學生可以這麼穿。白色的寬腿短褲一定要跟亮顏色或豔色搭配。
- 看起來像百褶裙，布質較硬、較厚的寬腿褲，可以跟襯衫搭配，搭配長筒靴，外罩毛領的短外套，非常貴氣。方格子的寬腿褲可以搭配白色緊身衣外搭寶石藍飛鼠袖大V領針織衫。搭配一雙時尚的高跟鞋，配合絲襪，很時尚也很有氣質。寬腿短褲與襯衫搭配，一定要將衣角塞到褲子裡，並配上好看的腰帶。如果寬腿褲本身的腰部設計很獨特，也可以不用搭腰帶。

珍珠建議

寬腿褲是眾多時尚達人衣櫥中必備的單品，寬腿褲腰腹部貼緊身體，能起到束腰收腹的作用。寬腿褲跟背心絕對是夢幻組合，不僅幹練帥氣，還十分摩登時尚；直條紋寬腿褲是大象腿美女的修身法寶。

美麗延伸

問題腿形穿緊身褲六忌諱

- 緊身褲可能會讓妳變矮，最佳解救辦法為穿高跟鞋。腳面開口較淺、較簡單的款式，比如魚口鞋很適合跟緊身褲搭配。
- 不習慣穿高跟鞋的美女，可以選擇修長的鞋型，或鞋面有V型等方向性細節的款式，這樣的款式也有修長腿型的效果。
- 腿不直的美女，選擇的緊身褲長度在小腿中間的位置最佳，而那種長及腳踝的款式只會將妳腿形的線條勾勒的更明顯。
- 小腿較粗的美女以深顏色、長度蓋過小腿肚的緊身褲為最佳。一定不能選長度剛及小腿部位的款式。如果妳的腿不直，小腿肚又粗，那最好還是穿長褲。
- 大腿粗的美女適合選擇深色七分緊身褲，並配上裙襬不大的A字裙。
- 腿短的美女選擇的緊身褲，最好與裙子、短褲的顏色一致，這樣可很好地延伸線條，具有視覺上的拉長感。

40 九分褲：配對了就是美女

九分褲絕對是春、秋兩季的選擇佳品，配合長袖T恤、襯衫，外搭輕薄的羊毛衫或針織衫，既清爽又時尚。不過，九分褲並非百搭百好看，注重場合搭配才能配出美女形象。

Part 1 OL黑、白、灰精幹搭配

穿上九分褲，配上淺口的低跟皮鞋，腳面裸露的一小段肌膚讓妳看起來非常性感。再搭上銀灰、淺粉、純白、淺藍、米色、嫩黃等色澤的襯衫，外加一件針織衫或西裝小外套，幹練的OL形象橫空出世。經典帥氣的搭配案例有：黑色（藏藍）的包腿九分褲＋白色尖領襯衫＋灰色修身西服＋黑色中跟皮鞋。

要點說明：要營造OL的幹練形象，褲子不能太寬，包腿或錐形的九分褲最佳。搭配較休閒的襯衫時，不用將襯衫紮到褲子裡。配合褲子，那種收腰較長的西服更能搭出好效果。如果個子矮，

襯衫最好紮進褲子，配合腰帶，也不會導致上下身比例的失衡。九分褲與休閒的中長款襯衫搭配時，最好繫一條黑色的細腰帶，並將頭髮盤起。

Part 2 灰白休閒居家搭配

外出逛逛，或在家休息，九分褲配合寬鬆的大T恤，看起來舒服又自在。如果身材較胖，白色短褲搭配灰色長T，休閒的T恤包裹了身體所有的肥肉，包括臀部。而白色的九分褲小露的一段肌膚，也可以讓妳秀性感。想讓模樣看起來既俏皮又動感，那麼灰色的九分褲搭配花格子襯衫，襯衫外罩上一件藏藍的開襟衫或飛鼠袖的套頭衫，配合高高挽起的髮髻，青春動感的形象就誕生了。

要點說明：居家裝扮的灰白配，灰色的大T一定要配合窄管包腿的彈力褲子，外出時，可以搭配涼鞋或者球鞋。動感十足的青春裝扮，褲子的質料最好是棉布或條絨，搭配格子襯衫，才會休閒味十足。外搭的針織衫或開襟衫，顏色要從格子襯衫中選取一色。鞋子的顏色要跟外套一致。

Part 3 黑白修身美腿搭配

逛街、約會或會客時，將自己打扮得既有職場女性的精幹，又有摩登女郎的時尚，還得小下一番功夫。一般來說，黑白搭是最經典的搭配，但衣服款型上要下功夫。那種褲管設計別致的鉛筆九分褲，搭配泡泡袖白色復古襯衫，再搭一條跟褲子同色的精美腰帶，將自己的小蠻腰盡情秀出來。迷人的大捲髮，做工考究的黑色大包包，再配合一款黑色的高跟涼鞋，初秋迷人時尚造型，一定會掠走無數目光。

要點說明：腰帶要繫於高腰部位，這樣才能顯得雙腿更纖長；這樣的裝扮對小胸美女和腿較短的美女很有效果。

Part 4 灰藏藍打造優雅氣質

對諸多美女來說，比起漂亮，優雅的氣質似乎更具有吸引力。除了魅力十足的談吐，最先引人喜歡的，大概就是優雅的裝扮。選擇一款褲管寬鬆的銀灰色九分褲，這類褲子的優雅幹練氣質幾乎與西裝褲一脈相承，搭配一款藏藍或深藍色絲質襯衫，將衣角隨意塞進褲子裡。絲質的柔滑優良，加上銀灰色的高雅，兩者就是完美的高品味組合，再選擇一款白色的皮鞋，一款設計簡單的大包包。既有少女的清新，又有著職場女人的優雅，可謂完美組合。

要點說明：皮膚白皙細膩的人，搭配這一身衣服，更會光彩照人。這樣的裝扮更適合淑女，年輕的小女孩或剛剛開始工作的女性最好不要嘗試，以免有裝成熟嫌疑。

Part 5 簡約溫柔的灰色系搭配

如果想讓自己看起來既甜美又溫柔，卡其的九分褲搭配女人味十足的長款毛衣，會不會讓自己看起來既溫柔又好看。淺灰色九分褲，搭配長款修身的深灰色毛衣，毛衣的設計越簡單越好。毛衣最好是五分袖或吊帶，這樣妳可以在毛衣內搭配一款白色或淺灰色的圓領衫，露在毛衣外的衣袖跟褲子遙相呼應，很簡約也很舒服。鞋子的顏色可以跟毛衣一致或接近。

要點說明：其他顏色的九分褲也可以與設計簡單的長款毛衣搭配，但褲子與衣服的顏色為同色系為好，比如黑色褲子搭配黑色毛衣，內搭白色長袖T恤。白色褲子搭配米色毛衣，內搭白色T恤等。毛衣鍊子很重要，有大吊墜的簡單長鍊與簡單的衣著交相呼應。較胖的美女以休閒長款毛衣為佳選，花紋可以是直條的，有助修身和拉長身材。腿短的美女可以考慮搭一款寬腰帶，但腰帶一定是最簡單的款式，搭腰帶後就不能再搭配毛衣鍊。頭髮可以隨意的盤起來，梳理厚實的斜瀏海，簡單美麗，宛如公主。

珍珠建議

避免腳踝處繫帶的鞋搭配九分緊身褲，在腳踝部位還露出一小段肌膚，會顯得不倫不類。腳踝部分有綁帶的鞋子可搭配七分長度的緊身褲，因褲管與鞋之間有較多的空間，有拉長腳部線條的視覺效果。

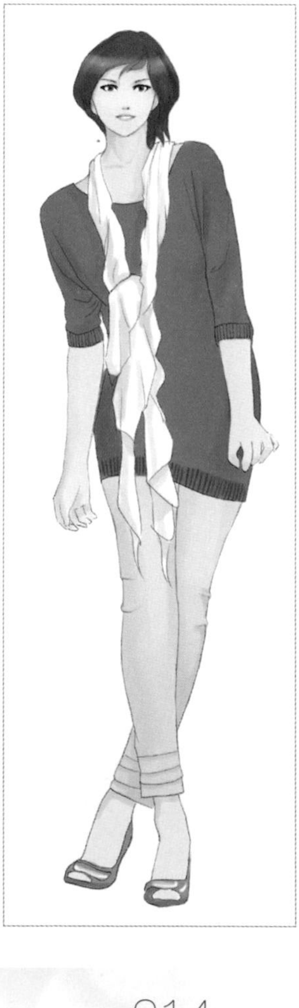

美麗延伸

牛仔褲的三點搭配禁忌

- 腰部與牛仔褲的搭配忌諱：過細的腰肢更適宜穿腰部有裝飾品的牛仔褲。粗腰帶隨意地繫在腰間，也能搭配瀟灑之感；腰部較豐滿，不宜選購腰部有裝飾的牛仔褲，也不要將上衣塞到褲腰內，腰部沒有任何修飾的牛仔褲，搭配一件背心，反而更顯瘦；腰短的美女，宜穿低腰的牛仔褲，視覺上顯身長；長腰身的美女穿高腰牛仔褲，再加一件夾克，就有縮短上身的效果了。
- 腿部和牛仔褲的搭配忌諱：粗腿美女，不宜穿窄褲管的牛仔褲，而應穿直筒或褲管較寬大的；短腿者宜穿直筒牛仔褲，以直條紋為佳，橫條紋會顯腿短，不宜選擇。

41 七分褲：完美過四季

看韓劇時，總能看到演員將七分褲穿搭的非常時尚，比如七分捲邊牛仔褲搭配修身的毛衣，配上球鞋，外罩一件長款花格大衣，就能完美過冬了。還有七分卡其褲搭配可愛的泡泡袖復古衫，穿一雙高跟涼鞋，露在捲髮外的誇張大耳環，讓人羨慕到要死。可能妳有同款或類似的五分褲，可是怎麼就搭不出這樣的效果呢？問題的關鍵可能在於妳沒有遵守七分褲搭配的基本原則。

Part 1 褲子是雙腿的皮膚

臀部下垂、腿短的美女切忌穿七分褲，大膽的冒險只會給妳的缺點雪上加霜；身材嬌小的美女以緊身的五分褲為佳，過於寬鬆的樣式，容易顯得個矮。就褲型來說，貼身的設計更具文雅氣質。

Part 2 上衣是褲裝的伴侶

簡單捲邊的牛仔七分褲跟任何衣服都能搭出好感覺，但跟進潮流選擇漂亮的七分褲也很關鍵，諸如刺繡、印花、蕾絲花邊的褲子，更能體現妳對時尚的領悟和關注。褲子與衣服的搭配也要上下協調，比如有翻邊、由花色布塊裝飾的七分淺顏色牛仔褲，上衣的選擇一定是淺色，並且是單色。選擇花色襯衫時，最好能跟褲腳的修飾色一致。此外，七分褲上的裝飾，上身部分也要有所體現。單色衣服與單色褲子搭配時，中間的腰帶可以做為連結兩種顏色的介面。顏色褲子與單色上衣搭配時，脖子或手腕上的修飾與褲子顏色要接近。如果上下身都不想有任何點綴和裝飾，那麼選擇的單色五分褲與單色上衣的顏色屬於同一色系，比如藏藍色七分褲與湖藍色細肩帶上衣搭配等。

Part 3 涼鞋是褲底的深戀

七分褲與什麼樣的鞋子搭配最IN呢?低跟的亮漆皮鞋子，可以給妳單調的衣服顏色帶來活力。而最能穿出女人味的還是纏帶式涼鞋，而就是那種有序地繞在小腿部的涼鞋，優雅細緻的設計與七分褲空出的小腿線條簡直是珠聯璧合。

Part 4 腰帶是褲子的傾訴

七分褲與短款的衣服搭配，還是跟長款的衣服搭配，配上一條腰帶，會讓自己的身材顯得更玲瓏有致。如果腰粗可以選擇一款較寬鬆的長款衣衫，斜搭一款較細的腰帶。腰部不夠長時，可以搭一款寬腰帶，也可以搭兩條腰帶，進而修飾腰部的長度。腿較短或上身較長的美女可以高腰搭配。即便妳的身材很完美，但一款腰帶的出現，依舊會給妳的時尚加分不少。

Part 5 七分長是褲子的美夢

如果妳想將七分褲穿到辦公室，簡單設計的款式就很合適，去掉繁瑣的繡花、亮片、珠釘、蝴蝶結等女人味或可愛味十足的裝飾，要不然會讓妳的形象很輕巧，不幹練。米色、白色、黑色、咖啡色等顏色的七分褲，最宜出現在辦公室。喜歡牛仔的美女，可以選擇藏藍色或深藍色沒有任何修飾的七分褲，搭配的鞋子一定是高跟鞋，設計簡單俐落的高跟鞋，某種程度上削弱七分褲的非職業感。

玫瑰建議

窄管七分褲搭配長及臀圍的長T恤或休閒襯衫時，露出的褲管與上衣保持6：10的黃金比例，是人人皆宜的超實用穿法；短上衣配合寬鬆、略帶休閒風格的七分褲比較好；如果妳比較豐滿，短上衣與五分褲會讓妳變得很方正；只要妳的小腿不是非常粗，細高跟、露出腳踝的船鞋搭配七分褲都會有上佳的效果。

美麗延伸 夏日內褲穿著禁忌

- 內褲過寬：寬鬆的內褲不僅會形成皺褶，還會造成臀部的不適，所以選購前要看準適合自己的尺碼。
- 內褲過緊：貼身的長褲雖然能完美呈現妳的臀部曲線，但也會讓內褲的痕跡暴露無遺，過於緊身的內褲讓原本的臀部曲線被勒出難看的痕跡。
- 內褲顏色過深：夏天白色或淺色的下裝是很多美女的共同選擇，而妳執意要在這有些薄透的下裝內穿深色內褲的話，顯露在裙子、褲子外的內褲形狀，就連外人都為妳感到尷尬。
- 內褲過長且高腰：即便妳穿的不是低腰褲，在不小心的伸手和下蹲過程中，妳過於高腰的內褲就會偷偷跑出來，這一定會跌破路人眼鏡的。

42 五分褲：動感穿到辦公室

五分褲是夏季百搭單品，大街小巷幾乎到處可見穿著五分褲的美女，偏向中性的女孩選擇的多數是褲管寬鬆、褲腳有鬆緊口裝飾的五分褲，瘦高時尚的女孩以貼身的五分褲示人，而看起來更像OL的女孩，則以簡單俐落的五分褲配合正式襯衫匆匆行走。因為符合自身的形象，我們才會更好的區分，同穿五分褲的人中，哪一群體是上班一族，哪些是休閒一族，而哪些又是赴約或逛街一族。但還有一族人群，她們無法進入我們的視野，或者說我們根本不願將目光投注到她們身上，原因很簡單，搭配模稜兩可，不吸引人。妳遵從了五分褲穿衣法則了嗎？妳屬於哪類人群？

Part 1 職場搭配三法則

法則一：簡約為王

所謂的簡約，只是對辦公室一族們的要求，直筒、簡約剪裁的五分褲才是最適合辦公室場合的款式，去掉褲子上各種繁瑣的裝飾，除了拉鍊處的那一顆鈕釦，就不要再出現任何裝飾，搭配的襯衫也要以單色或者兩種顏色接近的雙色襯衫為最，除了簡單的領口飄帶外，襯衫上也別有太多裝飾，要不然會沖淡「職業人」的感覺，並在某種程度上削弱他人對妳工作能力的信任感。外搭衣服時，簡單俐落的開襟針織衫最佳，西裝小外套其次。個子矮的美女最好不要在五分褲上搭配短西服，這樣的裝扮會讓妳看起來更矮。值得一提的是，高跟鞋能緩和五分褲的過於隨便。

法則二：四色當道

對職場女性來說，以下四種顏色可以做為首選。

黑色：最適合職場出現，永遠不會出錯的顏色。不過，毫無修飾的黑色會給人壓力，所以在上衣搭配上玩點花樣，轉移這種壓抑感很有必要。一條鑲鑽的腰帶，會給黑色帶來不少跳動，或者在襯衫上加一個蝴蝶結，沉穩中有著女人的睿智，再好不過。

灰色：如果厭倦了黑配白，那麼就選擇一條灰色的五分褲吧！這一顏色也是辦公室標準色，配上寶山藍的針織衫，或者雅致的襯衫，搭上一雙高跟鞋，這身裝扮就是韓國麗人完美通勤裝了。

格紋：格子、條紋都是英倫風情的標準色彩，不管是大地色格紋五分褲，還是學院派紅藍格子褲，都具有一種清新斯文的氣息，將這種氣息的褲子穿到辦公室，不要以為會顯得很隨便，實際上，上衣搭配得當就會讓妳職業味十足。比如紅藍格子的五分褲，搭上輕薄的紫色襯衫，外搭短款素色外套，讓腰帶若隱若現，感覺也是超棒的。條紋的褲子搭配湖藍緊身毛衫，外搭風衣感覺也是超讚。

米白：和黑色一樣，白色或米色也是永恆的經典色。但對久坐辦公室而導致下圍較寬或小腿比較粗的女性來說，加一件長上衣是必須的。

法則三：緊配緊，緊配鬆

如果妳選擇了包腿的五分褲，上身的搭配有兩種，一種是跟褲子一樣貼身的襯衫或中長修身的衣服；搭配較為休閒或者寬鬆衣服時，一定要繫腰帶，瘦人可以繫緊腰帶，凸顯腰部的線條，而胖人則要斜搭腰帶進行點綴，也可有效轉移注意力。寬鬆的五分褲，搭配修身毛衫，外罩休閒薄外套，感覺不錯。如果只是一件衣服搭配一條褲子，那麼寬鬆的五分褲，就不能與太寬鬆的上衣搭配，這讓妳看起來很沒有型。

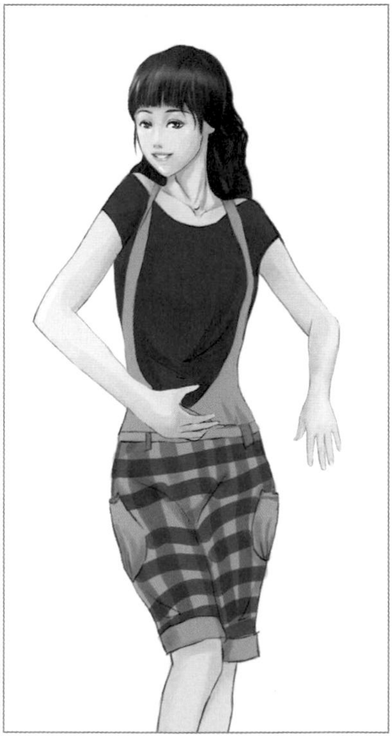

Part 2 五分褲細節說明

- 兩邊有口袋或其他變化的款式著重展示腿部線條，對腿型的要求很高，臀、腿部有贅肉或腿形不好看的美女，最好不要嘗試。而直筒短褲簡潔隨意，很容易流於休閒，所以選擇這類褲子時，以較為莊重的顏色做為首選。
- 個頭適中或較矮的美女，穿直筒五分褲，長度盡量在膝蓋以上，及膝或蓋住膝蓋的長度很容易讓自己陷入短腿行列。選擇膝蓋以上長度的短褲後，搭配高腰線或短上裝，配上高跟鞋，既能突顯腿部的比例，還能穿出腿部的修長感。

●身材矮小和臀部寬的女性不適合寬腿五分褲，特別在與寬鬆上衣搭配時，完全暴露缺陷。最佳的搭配是褲子貼身，長度膝蓋以上，深顏色。最好搭薄外套，比如針織的長款開襟衫。

珍珠建議

選購五分褲時褲型以略帶寬襬的A字型為訴求，長度以膝上三公分穿起來最時尚也最迷人；顏色以米白為主選，黑色和白色也是五分褲的主打色；材質以棉質、彈性布、棉麻混紡的高透氣材質最為舒適；身材纖美的OL亦可偶爾嘗試一些鮮豔的五分褲顏色，比如玫紅、粉色、粉藍等，但需要在其他地方做些斟酌，例如上衣選用素色、裝飾細節不可過多等。

美麗延伸

選購束褲的三點建議

●大臀美女：應該選擇褲襠較深的長型束褲，以包住整個臀部，並修飾腰線。千萬不要選擇尺寸較小的束褲，以免贅肉橫生更不雅觀。

●臀部下垂：通常大腿的贅肉也會下垂，所以在加強臀型時，也必須考慮大腿部分，建議選擇質料結實的束褲，這樣才能更挺立有型。

●臀部扁平：此類臀部主要缺點在於腰部至臀部間的曲線缺乏立體感，所以必須穿有附墊的束褲，穿在身上的服裝才有型。

43 吊帶褲：既要活力又要時尚的裝扮

很多女孩覺得吊帶褲只跟十八、九歲的小女孩有關係，至於自己，一把年紀，整日與工作戰鬥，與吊帶褲不會有任何交集。這樣想真的就錯了，其實不管是大街上，還是辦公室，抑或休閒娛樂場所，到處可見身著吊帶褲的美女，隨時給妳一個亮麗的正側面。潮流在動，而妳也理所當然地為自己準備幾款吊帶褲了。

Part 1 吊帶褲說明

除了那種設計時就考慮的吊帶款型外，在黑色的寬腿褲、黑色裙褲、牛仔褲上，美女也能自加吊帶。不需要很複雜，兩條跟褲子同色的簡單吊帶就ＯＫ了，當然，如果妳是一個奔放而有活力的人，妳也可以購買兩條細金屬鍊子，做為吊帶。皮質的細吊帶也可以掛在牛仔褲、工作褲和短褲上。

Part 2 搭配建議

● 如果妳的胯骨比較發達，最好不要選擇高腰的褲子，更不能在高腰褲上搭兩條吊帶。如果妳實在羨慕吊帶褲的造型，那一定記得搭一件開領的西裝小外套或針織衫。

- 腿短的美女選擇吊帶褲時，可以選擇標準的吊帶款牛仔褲。直筒的牛仔吊帶長褲，會視覺上將腿拉長很多，妳整個人也會變得高挑。短腿美女也可以選擇短款的吊帶牛仔褲，但褲管一定不能太鬆、太寬。
- 文靜、可愛的女孩，選擇標準的吊帶款牛仔褲時，一定要注意上身的搭配。那種有著公主袖的襯衫，或者T恤比較適合她的氣質。袖子上或胸口處有蝴蝶結、KITTY貓或者花朵圖案，女孩的溫柔可愛氣息將更加濃郁。
- 腰部較粗或線條不明顯的美女適合穿吊帶褲，但要結合個人氣質選擇。成熟的美女可以選擇黑色的簡單吊帶褲，搭配正式襯衫，會讓自己看起來比較有氣質；可愛的美女選擇V型狀的吊帶褲，褲管寬寬的，配上T恤很舒服。如果穿了寬腿的吊帶褲，總覺得腰部還是有些粗的話，可以搭配一條中性色彩的腰帶，或者跟吊帶同顏色的腰帶。個高的人可嘗試，較矮的人如此搭配會顯得累贅。
- 瘦高個的女孩選擇一款高腰瘦身寬吊帶褲，搭配紗質或絲質的輕薄花色襯衫，下身的暗，搭配上身的花色會讓整個人看起來相當明媚，有種豁然開朗的感覺。

黑色皮肩帶的百樣造型

白襯衫紮於五分深藍牛仔褲中，選擇兩條黑色的皮質細吊帶，吊帶靠近胳肢窩，前後都不交叉，套上白球鞋，一副很隨意的樣子。如果還想點綴點什麼的話，就選擇一頂帽頂稍尖的漁夫帽，另一款駝色大包包，讓妳帥氣十足。這款吊帶褲與T恤搭配，營造又是一副青春的可愛模樣；吊帶搭於一條深藍色的錐形褲，穿上包身的白色無袖襯衫，展現出的又是一副精幹的OL形象。既能省荷包，又能穿出百樣造型，美女們都可一試。

金屬鍊吊帶短褲

金屬鍊吊帶是很多狂放明星的最愛，因為追捧，金屬肩帶也成了普羅大眾的衣櫥必備。無論是短褲、長褲還是裙褲，只要戴著那麼一點休閒，妳的金屬吊帶就可以掛在褲子上，充當妳的吊帶了。上身可以搭配白T恤。如果覺得這樣的裝扮沒有什麼特色時，可以在配飾上做點文章，一頂黑色禮帽，一雙手套，一款印花絲巾。這些配飾的出現，會讓原本家常的妳突然與眾不同起來。

正經八百的牛仔吊帶褲

最原始的吊帶褲非牛仔吊帶褲莫屬了。如果想要自己的腿顯得夠長，超短的牛仔吊帶褲搭配T恤、襯衫就OK了。這個時候，即便妳套上運動鞋，妳的長腿也絲毫不受影響。深藍的牛仔細肩裙搭配T恤還不過癮，妳想要有種街頭小子Hip-Hop的感覺，可以外搭一件顏色鮮豔明麗的寬鬆運動衣，配上雙板鞋，有金屬質感的棒球帽，非常切合妳追求的主題。

綠色吊帶褲與粉藍絲襪的另類時尚

如果想要吊帶褲讓自己變得很時尚，選擇綠色短款吊帶褲非常明智。因為綠色搭上亮色的絲襪就完全變成了另類時尚。綠色五分吊帶褲，搭配一款粉紅、粉藍或嫩黃的絲襪。即便妳上身搭的是白色的T恤，但鏡中的自己一下就有了跑趴女郎的風情。其中與綠色吊帶褲搭配當屬粉藍最搶眼，搭上跟T恤顏色接近的亮漆皮高跟鞋，外搭一款收腰黑色西裝小外套。如此另類上乘的打扮，一定會讓妳成為娛樂場所的焦點人物。當然，配合黑色西服，搭配一款中性化的細領帶，上身的中性與下身的魅惑形成的對比，美到讓人尖叫。

珍珠建議

居家的棉布吊帶褲，搭配豔麗的棉布T恤，也能美美得將動感穿到門外。當然，如果不想讓自己顯得太過居家的話，可以選擇一款金色的時尚運動鞋，一頂跟褲子顏色接近的鴨舌帽，這樣就會輕易提升棉布褲的時尚檔次。

美麗延伸　髮型、吊帶褲巧搭配

- 吊帶褲和上衣顏色都很淡時，可與耀眼的染髮來一個對比搭。
- 牛仔吊帶褲的清爽搭配稍稍捲曲的長髮時，一定不能缺少一個顏色明麗的髮帶。
- 中性的衣飾搭配光滑髮髻或者小可愛感的捲髮，會讓人年輕又有活力。
- 蓬蓬細肩裙由長相甜美、有著濃密齊瀏海的美女穿戴，會更加和諧。
- 不對稱吊帶褲個性十足，搭配甜美的短髮和帥氣的斜瀏海讓人多了幾分俏皮的感覺。
- 飄逸的吊帶長裙搭配直順的頭髮，淑女味將更加濃郁。
- 高腰細肩裙很有OL的派頭，這類裙子搭配捲馬尾，成熟中顯露幹練，白領韻味更濃。

44 熱褲：翹臀全面出動

熱褲的魅力在於，拉長妳腿部、托起妳的翹臀的同時，將妳的性感一無所剩地展露給路人。炎炎烈日，牛仔的、卡其布的、亞麻的、棉線的……所有材質的熱褲一一出動，這其中當屬牛仔熱褲出鏡率最高。儘管熱褲怎麼搭都好看，但上身衣服款式不同，搭出來的味道也不同。性感指數就看上身衣服的長短了。

Part 1 不同身材美女的熱褲搭配

夏季妳儘管大膽地露一下性感，別讓別人的眼光束縛。等到肌膚鬆弛，身材走樣時，再顯擺已經沒有機會了。

- 臀部較小的美女，應該選擇布量較少的上衣，比如細肩帶背心、貼身的襯衫、低胸小衫等。長度剛剛蓋住肚臍就好，如果還想更性感一些，露出肚臍也未嘗不可。提臀的關鍵一步就是搭配一款腰帶，腰帶顏色與褲子有反差，層次感才能凸顯臀部的翹挺。
- 如果臀部扁平，或者有下垂的傾向，最好選擇一款休閒的襯衫，襯衫的兩角可以在肚臍處挽成一個結，襯衫的釦子不用繫得很規整，配合裡面的低胸或者胸衣，盡量露出妳白皙的脖子更好。這樣，難看的臀部被襯衫後衣襬遮蓋了，而正面的修飾依舊讓妳很性感。

● 如果妳的鎖骨很迷人，那麼妳完全可以穿露肩狀或大V領的衣服。脖子的性感與腿部的修長形成上下呼應的效果，讓妳看起來更迷人。

● 不要害怕胸太大，穿熱褲會讓自己橫向發展。其實比起五分褲，熱褲的魅力在於，不管是什麼樣的衣服，與熱褲搭配都很性感。大胸的美女盡可能穿上低胸衫，V領細肩帶衫，配合腿部的性感，展現自我的原始魅力了。當然，配合這種性感，搭配一雙高跟鞋很有必要。真正的前凸後翹就是這樣的效果。

Part 2 熱褲最佳衣服搭配列舉

● 綠色小衫搭配白色熱褲，淡雅中顯出性感好身材。短款露肩T恤衫搭配白色熱褲，是性感時尚造型的典型，如果T恤的顏色趨於時尚的鮮豔色澤，整個裝扮將更火辣。個性的腰帶和項鍊是不可缺少的配飾。

● 磨舊效果的牛仔熱褲搭配格紋細肩帶衫，不羈中顯出性感氣息。不過，大胸美女最好不要選擇橫條紋的格紋衫，而小胸美女最好不要選直條的格紋衫；磨舊效果的牛仔熱褲搭配簡單的T恤，穿出一份隨意的性感。追求性感的美女，T恤的款式最好選擇誇張的貼身款；追求簡單的女孩，可以選擇稍長一些的寬鬆T恤；當妳並不知道自己想要什麼樣的造型時，那就不管三七二十一，隨便搭一款T恤了事，反正這樣的裝扮不會讓人側目，但也帶不來驚豔。

● 熱褲＋T恤＋背心，穿出一份酷感的時尚，如果再搭配一頂黑色禮帽，整個人更加帥氣陽光。

玫瑰建議

所謂的熱褲，就是熱辣奔放，顯得腿很長。既然顯腿形，上身的曲線就不能馬虎。腰較粗的美女可以搭配腰部有修飾的寬鬆小衫，衣服的領子要進行一番修飾，最好是V領，或者領口有皺褶花邊、蝴蝶結。這樣，可以很好地轉移注意力。腰部太粗，就不要穿露肚裝。

美麗延伸

讓妳害羞的翹臀修練術

● 做法：平躺於軟墊上，面朝上，手臂緊貼身體，手掌緊貼地面，雙腳打直；雙腳縮回，膝蓋屈起成九十度，打開與肩膀同寬；以腳掌踩住軟墊，盡可能地用力提高臀部；在最高處停頓五秒鐘後，將臀部慢慢放回軟墊；可重複做二十次。

● 功效：對於預防或改善臀部下垂狀況功效顯著。

45 裙子：女人的專利，美麗的代言

說起裙子，這是一個多麼大的概念，長裙、短裙；細肩裙、小禮服、單肩裙、公主裙；牛仔裙、亞麻裙、皮裙、草裙等等，不一而是，但就女人來說，她就是隨季節、潮流而變的裝扮。是女人，這一生總會跟幾件裙子打交道。它們是女人的專利，是美麗的代言。不過，當女人在不同款式的裙子前徘徊，最後只買其中一件時，資訊告訴我們，女人還得根據自身風格和特點選擇裙子。

Part 1 細肩裙

對矮個的美女來說，膝蓋以上的細肩裙，能拉長雙腿，穿上高跟鞋，會有種亭亭玉立的感覺。個子高的女孩，可以選擇一款修身效果最佳、裙角斜裁或裁剪成不規則形狀的款式。短款的細肩裙配合短髮更

精緻，而長款的細肩裙搭配隨意的髮髻會更優雅。胸部較小的女孩選擇細肩裙時最好選擇一字領，並且胸口有皺褶花邊或者蝴蝶結修飾。小胸美女穿V字領的乳溝細肩裙時，最好墊胸墊，且要在脖子上戴一款有好看吊墜的長項鍊。日常所穿的細肩裙以碎花、純白，款式簡單，裙襬較小的裙子為最佳選擇。

Part 2 小禮服

小胸美女可以選擇胸部設計有些鼓鼓的小禮服，而大胸美女最好選擇貼胸的小禮服。那種胸口設計更像胸罩的小禮服，適合胸部翹挺圓潤的美女。還是遵循小個選擇短款，高個選擇長款的原則。小禮服因為材料較少，所以質地一定要優良，絲質有垂吊感的小禮服給人有品味的感覺，而像婚紗材質，有很多亮片珠釘點綴的小禮服，以高雅的白色最好看，要不然就會落入俗套。灰色有亮片的千層小禮服適合瘦高個女孩。小禮服搭的包包和鞋子顏色要保持一致，以黑色、白色兩款顏色最安全。冬季參加派對穿小禮服時，最好預備皮毛披肩，年輕女孩適合白色或粉紅色的坎肩式皮毛披肩，而熟女更適合長圍巾式的皮毛披肩。

Part 3 波西米亞長裙

波西米亞長裙似乎專為那種高個頭、骨架較大的美女設計的，花色長裙，柔軟的料子，給炎熱的夏季加了一抹涼快。大款的裙子與細長的背心搭配，配上好看的腰帶，穿一雙白球鞋，也是別具特色。不過，一百六十五公分以下的美女就不要嘗試了，撐不起來反而帶來拖沓的感覺。

Part 4 牛仔裙

牛仔裙有長裙、短裙，還有超短裙。

長款的牛仔裙也適合較高、較壯實的美女，配上顏色較亮的上衣，套一雙白色運動鞋，很有氣勢。長款的牛仔裙更適合大象腿美女或腿形不太好看的美女。個子矮的美女適合短款或超短款的牛仔裙，超短款可以搭配紫色或黑色的絲襪，整個腿形就被勾勒的相當修長。牛仔裙與上身的衣服搭配比較隨意，可愛的美女可以搭配粉色、淺黃、草綠色的T恤或襯衫，胸口有蝴蝶結、蕾絲花邊修飾會更可愛。腰較粗的美女可以嘗試穿飛鼠袖的橫條紋套頭衫，橫條紋會有意識的拉寬肩部，這樣腰部的粗壯就不會很明顯，再在腰部搭配寬腰帶，也具很好的瘦腰效果。上身胖、腰又粗的美女選擇寬鬆的中長款飛鼠袖T恤，搭配A字型牛仔裙，不會顯腰粗。上身胖但腰並不是很粗的美女，直條紋的T恤，或者搭配顏色較深但質地很輕薄的衣衫，也具有為上身減壓的效果。

Part 6 雪紡裙

雪紡裙正在以閃電之勢侵佔時尚裙，雖然這類裙子高腰線，下襬寬鬆，但一點都不影響美女們對它的鍾愛，因為每個人都有搭配法寶，比如較瘦小的美女穿雪紡裙時，會主動的在高線部位紮一條寬腰帶，這樣會顯得腿長、腰細；胸部小的美女會自行選擇胸部蓬蓬的那種設計，或著有蝴蝶結裝飾的裙子，衣裙沒有這類裝飾時，她們會購買有緞帶的胸花別於衣領中間。上身較短的美女會自動將腰帶從高腰部位移至中腰或低腰處。很瘦或很胖的美女都可以選擇不紮腰帶，這樣瘦人會被雪紡裙修潤的很飽滿，而胖人的贅肉也不會顯山露水。雪紡裙搭配鉛筆褲穿，也具有很好的增高效果。

Part 7 窄裙

相較西裙的沉悶和普通，窄裙在整個辦公室的出現機率高居榜首。不管是襯衫、裙子一體的窄裙，或者單就裙子，都是精幹OL們的首選。這類裙子顯身材、顯腿形，配上貼身襯衫，搭配寬腰帶，氣質非凡。襯衫不紮褲子時，可以外罩一件灰色或者銀灰色的針織衫，看起來成熟穩重。只要個頭不是太矮，大腿粗到必須減肥的地步，窄裙都能給人很好的感覺。大象腿美女還是以長褲加襯衫的裝扮更合適，而身高不足一百六的美女，嘗試五分的米色或黑色的裙褲，配合正式襯衫，會營造一種小巧精緻的感覺。

Part 8 A字裙

A字裙絕對算得上是辦公室美女的潮流單品，比如立領合身的正式襯衫，搭配同色系A字裙，性感嫵媚的熟女形象躍然眼前；碎花休閒襯衫，搭配糖果色A字裙，是辦公室美女休閒度假的完美裝備；純白色公主泡泡袖襯衫，搭配花紋圖案的A字裙，是美女約會的浪漫上品；宮廷式皺褶襯衫，搭配古典風情樣式A字裙，一定能讓妳居身韓潮。A字裙更適合胯較大的美女，那種

帶圖案，款式較長，有點波西米亞風格的A字裙還具有收斂大象腿的功效，搭配純色的短款針織衫，相當飄逸。值得一提的是，寬大的針織衫一定要搭配短款的A字裙。

Part 9 皮裙

皮裙曾一度是明星們彰顯個性的不羈裝扮，比如黑色皮衣、皮褲搭配黑色長筒靴，長直髮戴一頂鴨舌帽，冷豔中流露出一絲時尚。而今，跟隨潮流腳步，皮裙的顏色已從以往的灰色、黑色演變成多重色澤，比如珊瑚、青綠色、暗紅色和柔和的珍珠色等，皮質也告別了以往的笨拙，越來越往輕薄發展。就搭配來說，黑色短款皮裙搭配白色尖領襯衫，外罩稍短於襯衫的針織衫，配合黑色薄絲襪，黑色帶蝴蝶結的高跟鞋，是朋友約會、參加休閒派對的絕佳搭配；皮裙一定不能再搭配皮衣，搭配純色的針織衫或白色的宮廷式襯衫最佳；如果不想讓自己看起來很笨拙，最好選擇短款的皮裙，鞋子也要摒棄皮靴，以磨砂皮或皮質的高跟鞋為宜。

玫瑰建議

花色半截裙，更適合甜美型美女，花色半截裙搭配的上裝，以單色為主，顏色為花色裙中一種；黑白兩色花裙，適合身材豐滿的女孩，不過感覺色彩太單調，可以搭配大紅的髮箍和金色的高跟鞋；胸部較小的美女，選擇的連身裙，上半身一定是那種蓬蓬的、豐滿的設計；寬肩美女最好不要穿細肩帶，而V領、五分袖具有轉移肩寬缺陷的作用。

美麗延伸 胖美女也能「享瘦」的著裝祕笈

- 圓領條紋套裝：細長的白條紋套裝有修長感，能很好地拉長身材，裙子的皺褶可掩飾過粗的腰圍，白色的衣領非常典雅，適合肥胖美女在正式場合穿。
- 連身裙、襪褲和飾品統一為黑色，外套可以選擇任何色彩，只要是單色即可，然後拿金色項鍊點綴黑色連身裙、襪褲、鞋子、包包，這樣的組合，使妳在神祕之中顯現出迷人身材。
- 白色圓裙搭配深色外套。合身的深色上衣和白色大圓裙，能巧妙地搭出身體的修長，一串復古的長項鍊點綴，更能裝飾出淑女派頭。

足下生輝

前段時間，珍珠和玫瑰受一家時尚雜誌社邀請，做了一期關於褲子與衣服的搭配專題。因為請的模特兒都是普羅大眾，且都是按照不同身型選擇的，因為關照到了高矮胖瘦、腰粗腿短不同身型美女的感受，那期雜誌的銷量達到了歷史最高。因為這樣的例子，很多雜誌、報社也都找上門來，邀請珍珠和玫瑰以身體某個部位為重點，給一些普通大眾都受益的搭配經驗。一時間，原本動剪刀、動粉刷的兩人，竟然動起鍵盤和筆來。

儘管兩人都是潮人，平時也喜歡上網瀏覽網頁、看影片，但純粹是消遣和增長見識所用。要不就是看光碟，學習國外名師造型技巧、技術等，至於可以抒寫心情、記錄大小事的部落格，兩位從未碰過。不過，一位想做鞋子專題的雜誌社記者點醒了她們，何不開辦自己的網路部落格，傳授一些裝扮經驗給愛美的美女們，如此那些沒財力前往工作室做造型的女孩，也可從中受益，這樣，美的傳播就不僅僅侷限在兩百平方公尺的工作室了。

這似乎是一件看起來沒有任何物質回報，但絕對讓人精神愉悅的事情。珍珠和玫瑰怦然心動，當晚就開通了自己的部落格。可能是兩人名氣斐然的緣故，第二天部落格首頁就打出了「著名造型師玫瑰、珍珠××人氣部落格」的字樣，當天兩人部落格點擊率同時逾萬，這可是兩人想都沒有想到的。不過，大多數網友的留言都是自己是什麼什麼身材，應怎麼搭配衣服之類的訴求。這一龐大的問題群兩人不可能全部回答，只能挑一些具代表性的問題給一些建議。

Chapter 9

吸引玫瑰的第一個問題是，一個二十四歲的女孩說自己愛鞋子愛到了瘋狂的地步，幾乎每星期都要買一雙新鞋。但是，讓她困惑的是，每次出門要為穿好的衣服配一雙合適的鞋子時，卻怎麼也找不到。現在的她身心、財力全都很疲憊，需要玫瑰告訴她，買一雙什麼樣式的鞋，可以當萬能鞋來搭配所有款式的衣服、裙子。

這可是一個讓人苦惱的問題，沒有所謂的萬能鞋，不同的衣服、褲子一定要選擇不同的鞋子才行。如果直接告訴她，選擇一款棕色、鞋尖稍尖的高跟鞋就ＯＫ了，但做為一名負責人的造型師，還是應該藉由大篇的版面，就美女說的那些圓頭尖頭、高跟平底、長筒短筒，以及紅、黃、綠、藍、紫、白、黑等色澤，給予一個具體的搭配方案，這也會讓其他人更受益。

珍珠更感興趣的是另一個問題，一位三十歲的熟女很不好意思地諮詢，那些亮漆皮的水果鞋，要跟什麼樣的妝容搭配才能讓她看起來像十八歲？

夜已經很深了，玫瑰和珍珠第一次認真地對待網路，認真地對待跟自己毫無關係的網友的發問。她們在不同的社區、不同的樓層，坐在各自的落地窗前，劈哩啪啦敲著文字，希冀明天一早，美女們按照自己提出的鞋子方案搭配上班、上學、會客、逛街時，能夠足下生輝，自信滿滿。

46 靴子與裙子要相得益彰

每個女人都應該擁有一款靴子，原因不僅僅是保暖好看，更關鍵的是能給自己柔和的氣質增添一抹霸氣，高跟的長筒靴還會拉高女人的個頭，讓自己擁有第二個身高。

靴子有長筒靴、中筒靴、短靴；按皮質來看，有小牛皮、磨砂皮、人造革、高彈質料、絨面、毛料等；樣式有尖頭的、圓頭的、鞋尖上翹的。隨著靴子流行度的越來越高，以往簡單的粗、中粗、細跟已被五花八門的鞋跟所代替，就目前的趨勢來看，幾何圖形的不規則鞋跟與透明的花紋鞋跟大有獨霸潮流之勢。

因為每季的流行不同，很多時尚達人都會按照流行款為自己置辦兩、三雙靴筒高度不同，樣式不一的靴子，不過，有些美女還是延續上季的流行，穿著上季的款式。其實我們無法定論後者已經落伍，更關鍵的是怎麼樣讓靴子與褲子、裙子完美搭配，配出吸引目光的效果。

Part 1 第一眼色彩

● 靴子的顏色一般與裙子同色或同色系，比如灰色的裙子搭配黑色的靴子，白色的裙子搭配米色的靴子，褐色的裙子搭配褐色的靴子等。搭配絲襪時，絲襪顏色一定與裙、靴顏色有所區分，強力推薦藏藍絲襪。

- 靴子和裙子都是暗色調時，上裝以白色或亮色為主，不能再搭配暗色。
- 上裝與裙子都是暗色調時，靴子顏色就要跟包包或腰帶顏色一致，比如黑色的連身裙搭配了大紅的腰帶，靴子選擇大紅的長筒靴為好。如果沒有腰帶點綴，那麼就跟包包的顏色一致，比如紅包包＋紅靴子；白色包包＋米色（或白色）靴子等；如果既不帶包包，也不繫腰帶，那麼靴子跟衣服鈕釦或者其他飾品顏色一致即可。一般駝色做為中性色，搭配各種色澤的裙子都好看。
- 如果要營造酷味十足的感覺，那麼黑白搭就很能造勢，比如白色的連身裙，搭配黑色的長筒靴。不過這樣的搭配難免有種上壓不住下的感覺，白色連身裙外搭一件黑色背心，酷味將更加十足。

Part 2 第二眼版型

- 彩繪或豹紋靴，很誇張，一般不適合跟職業套裙搭配。大膽時尚的年輕女孩可以搭配單色衣裙，再搭配彩繪腰帶，才能上下一致。豹紋靴比較野性，一定要跟性感的藏藍絲襪搭配才夠味。裙子要選擇那種設計別致，有黑色寬腰帶

修飾，裙角剪裁不規則的樣式。

- 軍靴多數底軟、皮軟，鞋形寬鬆，就是穿著這類靴子疾步飛奔，也不會給腳造成壓力。這類靴子有些款型設計的非常別致，比如從鞋面一直繫到靴筒最上端的鞋帶裝飾，還有靴子兩邊的毛毛邊等。這類靴子搭配休閒的短裙才正點。軍營靴以中低跟為主，所以靴筒不宜選長筒，而矮個美女就不適合選擇這類款式了。
- 以絨毛、高彈質料為主的靴子，具有很好的包腿效果，建議腿直、腿形好看的美女穿，搭配的裙子以格子小短裙為最佳，長款的直筒毛衣，也能與這類靴子搭配出好效果。
- 靴子穿到晚宴上的機率很小，如果參加冬季的晚宴，想讓自己在諸多名人中脫穎而出，那麼就選擇一款長及膝蓋五公分處的黑色貼身皮靴吧！配合性感的寶石藍泡泡短裙，一定會讓妳成為晚會焦點。這樣的裝扮更適合身材較小、胸部卻較為惹火的美女。

玫瑰建議

不管是長裙與短裙，靴筒與裙子之間一定要有一段距離，不能挨著，或者裙子蓋過靴筒；嬌小的美女不要選擇太長的靴筒，短靴搭配短裙，效果會更好；職場靴以短靴為最佳，顏色不能太豔；深色長款毛衣與深色靴子搭配時，絲襪一定要性感惹眼；尖頭的靴子搭配顯腰身的長款毛衣或連身裙更好看；運動味十足的牛仔靴，搭配牛仔短裙更有味；靴子的顏色有時可與頭髮色彩同色，比如紅頭髮搭配一雙紅色的靴子等。

美麗延伸

皮靴需夏眠

- 用鞋刷刷去鞋上的灰塵污垢，長靴可以在鞋筒裡塞報紙或硬物來固定鞋形。
- 將去污劑倒在布上搓勻，切記不要直接倒在鞋面上，那樣有可能會產生去色斑點。要大面積均勻塗抹鞋面擦拭。
- 接著用鞋刷輕刷鞋面，將餘油帶到靴子高筒處，讓靴筒也能得到保養。
- 拿乾淨的布稍作擦拭，靴子保養工作就大功告成了。
- 刷好的靴子，最好放在通風的地方晾曬一至兩天，避免鞋內生成細菌、蟎蟲等。
- 往靴筒內塞入定型物，以免變形、生皺。
- 拿用舊或不穿的長筒絲襪包住靴子，防止灰塵掉落。
- 放入鞋盒，在鞋盒表面打出幾個小洞，保持盒子的通風。

47 靴子與褲子完美配對

靴褲、細長褲搭配靴子已經不是什麼新鮮事，不過，也不能是雙靴子就往靴褲上搭，想想看，鞋面有很多綁帶的絨毛長靴，配上一條嘻哈味十足的寬腿靴褲會是什麼感覺？當然是嘻哈過頭，不倫不類了。所以靴子搭配褲子，還得講求技巧。

Part 1 長筒靴＋鉛筆褲

如果妳的靴筒長度在膝蓋往下兩公分處，算來已經是很高了。如果是包腿的靴子，只穿絲襪腿會更修長。靴筒適中時，可搭鉛筆褲，黑色、咖啡色、銀色的鉛筆褲搭配長筒靴也會讓腿很修長，如果腿過細，褲子與靴子搭配，還具有修潤腿形的作用。長筒靴搭配短褲時，以五分或熱褲為最佳，褲管不要太寬鬆，瘦腿的五分、熱褲最好。黑白格子的包腿褲也可以跟長筒靴搭配，不過，腿部過粗的美女不要嘗試，格子會顯得腿更粗。花格子比較時尚，搭配的靴子一定要時尚，鞋跟以粗中跟為最佳。

Part 2 長筒靴＋牛仔褲

無論是深顏色還是淺顏色，無論是七分還是長褲，牛仔褲與靴子總能搭出最好的效果。天藍色的包腿牛仔褲塞到黑色長筒靴裡，上搭白襯衫和黑色背心，帥氣的樣子儼然像美國牛仔。與短牛仔褲搭配時，靴筒與短褲之間一定有三、四公分的距離，不管是裸露的肌膚還是絲襪的顏色，中間有層次最好，所以，長筒靴更適合跟五分褲或熱褲搭配。

Part 3 中筒靴＋七分褲

七分褲與中筒靴搭配時，褲子可以根據靴子的樣式選擇，比如黑色平底靴比較休閒，可以搭配褲管較寬，褲腳收小的休閒七分褲，黑色、軍綠、咖啡色七分褲都能跟休閒平底鞋搭配。如果是較為時尚的尖頭中筒靴，還是以包腿的七分褲為最佳選擇，那種彈性質料的褲子、合身的牛仔褲、格子的七分褲都可以選擇。當然靴子和褲子之間還是有一定距離，不能挨著，更不能將靴筒蓋住。

Part 4 短靴＋九分褲

那種口開得較大的短靴，近幾年非常流行，穿長褲時，褲腳就可以自由地塞到靴筒裡，或堆在鞋口處，非常好看。一般力求精幹的女人還是選擇九分褲較好，九分褲與鞋口設計別致好看的短靴搭配，既能讓自己顯得精幹，還能顯擺靴口的做工，可謂一舉兩得。

Part 5 毛毛靴的自由裝扮

毛毛靴從設計看就已經時尚到讓人尖叫了，根據靴子的顏色搭配細長的牛仔褲、鉛筆褲都能搭出完美效果。毛毛靴也能搭配短褲，配合紫色或深藍色絲襪，更是為時尚推波助瀾。時尚的毛毛靴不管短靴還是長靴，搭配合身的衣衫，會將整個線條襯托的玲瓏有致。外面即便罩一款寬大的卡其棉襖，也絲毫影響不了內部線條的明朗。可愛的毛毛靴，搭配深藍色包腿牛仔褲，配上寬大的白襯衫或者針織衫，戴上一頂好看的帽子，配上可愛的圍巾，看起來既時尚又舒服。

Part 6 堆褶靴

所謂的堆褶靴就是靴筒有皺褶的靴子，這類靴子時尚感、隨意感很強，配合這類靴子，妳可以將自己打扮得相當休閒自由，也可以很時髦。不過跟堆褶靴搭配，長款的牛仔褲更好搭，包腿褲與稍稍有些寬的褲子都能與之搭出好效果，七分褲也是不錯的選擇，不過褲子的顏色和靴子顏色一定不能同色或同色系。

珍珠 建議

時尚的美女選擇堆褶靴、高筒靴最佳，偏向於休閒的美女以黑色平底靴為首選；靴子與褲子搭配時，顏色最好不要一致，靴子的顏色跟包包、提袋、頭髮接近或同色更好；褲子與靴子同色的情況只能出現在短褲和靴子間，但要用絲襪或裸露的肌膚來區分；五分的吊帶牛仔褲也可以很好地跟平底黑色長筒靴搭配；無論長款短款的靴子，只要鞋尖稍尖、夠時尚，與熱褲搭配就一定不會出錯；比較正統的五分褲，搭配長筒靴，配合白襯衫，也能打造漂亮的OL形象。

美麗延伸

腳鍊的選擇

- 腳鍊一般只戴一條，戴在哪一隻腳踝上都可以。若戴腳鍊時穿絲襪，則應將腳鍊戴在襪子外面，以便使其更為醒目，千萬別把腳鍊戴在襪子裡面，不好看不說，別人還以為妳靜脈曲張呢！
- 腳鍊不宜戴得太緊，那樣會給人一種被繩索捆綁的感覺，有失雅觀。腳鍊戴在腳踝上後，還夠塞進一根指頭才合適。
- 腳鍊顏色與款式，要與鞋子、服裝形成統一，顏色相差太大會有種畫蛇添足的感覺。
- 腳踝大的人不宜戴過大的腳鍊。
- 想要小腿更修長，可選擇中跟或者高跟的銀色涼鞋，搭配小巧的腳鍊很出色。
- 腳鍊只適合在非正式場合佩戴。

48 五款涼鞋的搭配訣竅

涼鞋大概是所有女鞋中最性感的。裸露著腳部肌膚，塗上好看的指甲油，或者戴上一款簡單俐落的腳鍊，抑或將涼鞋的綁帶輕輕繞在小腿的肌膚上，那種鞋子與肌膚的交繞將性感抒寫到了極致。妳也許有著以下五款涼鞋，但怎樣讓它們跟服飾配對，將鞋子原有的性感發揮到最大，妳知道嗎？

Part 1 尖頭涼鞋

尖頭鞋的魅力大概就是它很時尚。這類鞋子無論是高跟、中跟，還是低跟，都將美女的腳很好地收攏到其形狀下，讓腳看起來更小、更有型。這類鞋子因為鞋尖漂亮，所以將整個鞋尖，甚至鞋面都露出來才好看。所以，與這類款式涼鞋配對的一定是褲腳較小的褲子，比如鉛筆褲、錐形褲，九分、七分、五分等款形的褲，並以窄窄的長褲搭配最佳。需要注意的是，購買這類鞋子時，一定要偏大一些，尤其五個腳趾頭幾乎在同一直線上的美女更要購買稍稍偏大的鞋子，一定不能把小腳趾露到鞋尖外。腳板較寬的美女最好不要選擇鞋面帶子較細、較少的尖頭涼鞋，以鞋面有蝴蝶結、帶子較寬的鞋子為最佳選擇。

Part 2 魚口鞋

流行於上世紀五〇年代的魚口鞋，在今夏又掀起風潮。那種材質偏向於透明，上面有黑色或其他亮色系圓點裝飾的鞋子，更是大行其道。這類鞋子最大的優勢在於，鞋尖前開了一個小口，就像魚口一樣，鞋子收緊的形狀將美女們漂亮的腳趾若隱若現在視野面前，既性感迷人又不失端莊優雅，尤其適合前腳掌較寬的美女，這類鞋子會將腳修飾的更為秀氣。魚口涼鞋可謂是逛街休閒的最佳腳形修飾品。而有後帶的魚口涼鞋可以穿到正規的場合，比如跟晚禮服搭配出席比較莊重的晚會，也可以跟較短的雪紡裙、連身裙、絲質裙搭配，只要鞋子的鞋跟偏向於細高跟，無論跟什麼樣的衣服、褲子搭配，都能穿出好效果。除了裙子，包腿的長褲加好看的魚口鞋，也能打造端莊好看的高挑形象。不過，這類秀氣的鞋子不適合跟寬腿褲搭配，也不適合跟長裙褲搭配。此外，鞋子與裙子搭配時，顏色要一致或接近。

Part 3 細高跟

細高跟包括很多款式和不同質料。但不管是哪種質料或哪種款式的細高跟鞋，都能將人原本粗短的腿修飾的又長又細，這是一種迷離的視覺效果。據說很多明星脫了鞋子都是又矮腿又粗，但一旦與細高跟涼鞋打上交道，整個人不但會被拉高，肥胖的小腿也在無意中瘦了一圈。估

計妳從未嘗試過十五公分的細高跟鞋，但大膽火辣的明星總是穿著這麼高的涼鞋，勁歌熱舞在舞臺。但如果妳只是出去上班，或者逛街的話，二至四公分的細高跟鞋就ＯＫ了；五公分以上的細高跟鞋適合參加晚宴；八公分以上的細高跟鞋危險係數大，如果不是特殊情況，最好不要嘗試。細高跟與長褲搭配，長褲的褲腳會掩去高跟的高度，但又能拉長腿形和身高。

Part 4 粗跟鞋

粗高跟加厚底是搭配寬腿褲的最佳鞋選，而且粗跟鞋的鞋跟質感較硬，比較適合幹練的職場女性。如果腿較粗，穿較粗跟的涼鞋還能有上下和諧一致的效果。那種有花紋修飾、方根或楦跟的粗跟鞋也可以跟裙子、短褲搭配，很炫！

Part 5 平底鞋

平底鞋是休閒娛樂的佳品，尤其那種鞋面帶子很細，鞋跟有長帶子或有凸起修飾的平底鞋，搭配好看的七分馬褲，或者及膝圓裙小洋裝，抑或七分緊身褲都能展現出優雅的歐式風情，讓人看起來更是青春洋溢；如果想讓自己看起來更亮麗，建議選擇裝飾有珠釘、金色或漆皮的平底

鞋，無論搭配裙裝或是褲裝，都將有不俗的效果。

珍珠建議

魚口涼鞋搭配西裝套裙，幹練而不失女人味，用來搭配小禮服也能為妳平添一種高雅的氣息。不過，如果妳的腿部曲線較粗壯，千萬不要選擇繫踝的款式，一定要嘗試的話，盡量挑選貼近膚色的寬綁帶；T字型涼鞋會讓妳的小腿在視覺上變短，身材一般的美女還是慎重考慮為好。

美麗延伸

看腳形選涼鞋

- 腳背厚的美女，不要穿帶子特別細的涼鞋，這樣就更顯得腳大而不協調，鬆緊帶或者稍寬的帶子會更突出腳部美感。
- 窄腳美女盡可能選擇有些花俏的裝飾，色澤大膽豔麗的鞋子會讓整個腳看起來更飽滿。
- 腳踝粗短的美女最好不要穿拖鞋，這會讓自己的缺點更加明顯。
- 腳肥且短的美女雖然猶如嬰兒般可愛，但這類美女適用一些帶有簡單裝飾的鞋，如閃亮的小珠珠、小綴花、蝴蝶結等。不要穿尖瘦型涼鞋，前面空著半截腳，最不雅觀。

49 皮鞋搭配大法

走進商場，琳瑯滿目的皮鞋款式，讓人目不暇給。舊款年年在淘汰，新款年年在上架，到底是遊走在時尚尖端，選擇最潮的，還是配對自己的腳形，選擇好看的？這似乎成了一個難以和平共處的難題。其實，新款式中總有適合妳腳形的鞋子，而妳的腳形也總是被精明的設計師們考慮在了設計範圍。

Part 1 長在腳上的鞋子

如果妳的腳趾較偏向於長方形，或者說五根腳趾頭的長短幾乎沒有多大區別，那就選擇那種方頭的皮鞋吧！這類皮鞋既有時尚好看的漆皮鞋，又有舒適柔軟的軟皮皮鞋。穿這類鞋子，不會對腳產生太大壓力。

中指偏長，腳瘦小，可以選擇尖頭的皮鞋，樣式越精緻越好。小腳美女最好選擇有鞋帶，或腳踝有緞帶可綁的鞋子，沒有鞋帶的鞋子容易掉，且因不貼腳顯得鞋與腳脫節。

腳又肥又大，穿樣式小巧的尖頭皮鞋或包腳效果好的鞋子都容易變形，而且腳也受不了，倒不如選擇平底的圓頭皮鞋，皮鞋要比自己的腳稍大，皮鞋鞋面有花飾點綴，會很好地轉移腳大的缺陷。

腳面高的美女當然不適合口很淺的鞋子，也不適合腳踝綁帶的鞋子，最佳的選擇是一款繫鞋帶的皮鞋，因為腳部肌膚露得少，自然能很好地掩飾腳部瑕疵。

Part 2 點綴服裝的鞋子

沒有鞋帶、綁帶修飾的圓頭皮鞋，配可愛的圓形裙子最好看。搭配褲子時，長褲褲管一定不能太寬，包腿褲或短褲更好。水果色皮鞋搭配可愛的短裙，配上亮顏色長筒襪，上身衣服即便也很鮮豔，也不會很難看。深顏色的圓頭鞋也可以跟修長的直筒褲搭配，配上好看的襯衫，OL形象瞬間成型。需要注意的是，圓頭鞋偏向於休閒和非正式，穿到職場時，一定要選深色系的，且簡單大方為好。

尖頭的皮鞋要嘛非常尖，要嘛只是稍稍有些尖。稍稍有些尖的皮鞋不管有沒有綁帶，搭配裙子、褲子都不會出差錯。而那種超尖的皮鞋，一定要跟窄管的淺色牛仔褲搭配，或者是修長包身的上衣，而不是與鬆鬆垮垮的褲子、上衣搭配。

方頭，沒有任何綁帶，一腳蹬的鞋子，簡單大方，配上中低跟鞋出現在職場再好不過。會客、商務談判時，穿這種有著同色蝴蝶結裝飾的黑色或白色亮漆皮方頭鞋，在增加妳氣質的同時，也會給客戶乾淨俐落的感覺。一些高跟、後跟部位進行過特殊設計，顏色較為鮮亮的方頭鞋，也可以配合大裙襬。平底的方頭鞋，設計簡單，方頭較大，但又透著休閒韻味，可以與短褲搭配，配上T恤，很休閒，很隨意。

Part 3 白色乾淨的鞋子

白色皮鞋不管配什麼樣的衣服都好看。一般來說，與白色搭配，米色、銀灰色長褲最為正點，其次，懷舊色、深藍、淺藍的牛仔褲與白皮鞋搭配也很好看。白色皮鞋搭配白色的裙子和短褲也無可厚非，搭配白色長褲時，以九分褲最佳，並讓膚色或淺咖啡色襪子來隔開褲管和鞋子顏色的融合。白色鞋子也可以跟黑色套裝搭配，不過一般並不主張這樣搭配，一定要搭配時，白色襯衫與白色鞋子要上下呼應。白色鞋子最好不要與黑色、深藍色裙子搭配，這會讓自己看起來很沉悶。

Part 4 黑色穩重的鞋子

黑色尖頭的皮鞋一定不能跟休閒的白褲子搭配，那會讓妳看起來像剛剛進城的鄉下妹。黑色皮鞋與同色系的長褲搭配最好，不過，與同色系長褲搭配時，鞋子的設計一定要時尚，且是高跟鞋，如果黑色鞋子上面有蝴蝶結或白色（其他亮色也可）的花紋修飾，效果會更好一些。黑色皮鞋與中長裙搭配不見得好，讓妳看起來像修女，所以最好不要選擇純黑色綁帶皮鞋與黑色中長裙搭配。那種透明塑膠上有黑點的魚口鞋很時尚，倒可以考慮跟黑色包身九分褲、長褲，以及七分褲搭配。黑皮鞋一定不能穿白襪子，黑色或膚色絲襪就OK了。純黑色高跟一腳蹬高跟皮鞋可以跟熱褲、短裙搭配，也可以跟黑色的迷你裙搭配。純黑色高跟鞋也可以跟白底黑花的裙子搭配。秋冬季節也可以在裙子外罩一件套頭的長毛衫，毛衫顏色要偏向於咖啡色或深灰色，兩、三公分的裙邊要露在毛衫外面，這樣的裝扮更適合高個顯瘦美女。又矮又胖的美女最好選擇黑色皮鞋搭配黑色九分褲，與之搭配，除了襯衫為亮色外，外套一定要深色或直條紋的。

珍珠建議

在正式場合絕對不建議黑皮鞋搭配白色西褲；黑皮鞋最好也不要跟淺顏色的長褲搭配，會很突兀；白色皮鞋與深色褲子搭配會顯得妳這個人對穿著不講究，進而覺得妳對生活也不講究，很容易落入庸俗；休閒款的白皮鞋與休閒的褲子搭配才搭調，一定不能腳上穿正式的白色皮鞋，而褲子選擇運動褲；想要鞋子與衣服百搭，最好購買駝色或純色上有裝飾品修飾的鞋子，不管是皮鞋、涼鞋這類顏色與衣服最好搭配；與深色牛仔褲最搭配，且最時尚的是深藍色漆皮尖頭皮鞋，這一色澤的皮鞋會將原本平常的衣服修飾的非常時尚。

美麗延伸 三招式讓新鞋不再夾腳

儘管試穿時沒問題，但真正上腳開始穿時，總是卡腳，這似乎是新鞋的通病。怎麼解決這惱人的夾腳問題呢？以下招式希望對妳有所幫助：

- 酒浸法：將25克左右的白酒倒入新皮鞋內，晃動幾次，放一小時後再穿，皮質就不再硬邦邦卡腳。如果皮鞋邊緣磨腳，比如腳後跟處，將溼紙巾晾乾，然後浸透白酒，用夾子固定在磨腳處的皮鞋部位，放置一晚上，再穿便不會再磨腳。
- 擀壓法：如果新皮鞋邊沿磨腳，可用溼毛巾在邊沿處捂幾分鐘，皮質變軟後，將玻璃瓶等圓柱體在內部邊沿處用力擀壓幾遍，把磨腳的部位壓得光滑平整，就不會磨腳了。
- 錘擊法：如果新皮鞋的鞋底磨腳，可套在鞋拐子上，用鐵錘用力敲擊，將磨腳處敲擊平整，便不會再磨腳了。如果沒有鞋拐子，可找修鞋人幫助。

50 配對腿形、膚色選絲襪

腿是全身上下最動人部分，若加上一雙合適的長筒絲襪，自然顯得誘人。但仍有一部分美女，只顧挑選上身穿的衣服、佩戴的首飾、鞋子和包包，而忽略了與下裝搭配的長筒絲襪，進而影響甚至破壞了整體的美好形象。其實選襪也有選襪的學問，找到適合自己的，肯定在修長美腿的同時，還能遮蔽瑕疵呢！

Part 1 穿在腿上的絲襪

- 色彩豔麗的絲襪如火紅、蔚藍等顏色，只適合腿型優美、身材苗條的女性，體型勻稱、下肢修長的美女，如果穿上一雙透明的薄質長筒襪，則會顯得更為典雅。
- 腿部較粗的美女，適合穿深色、直條紋或者細條花紋的絲襪，可以使雙腿顯得較細。
- 腿較粗同時又較短，不適合穿長筒襪，而宜穿較深色或者透明灰褐色、深棕色的短襪，襪子的顏色如

能與鞋的顏色一致，能夠給人修長的感覺。

- 不透明或者淺顏色的絲襪，只適合腿部纖瘦的女性穿著。不透明或者深顏色的長筒襪，則適合雙腿汗毛重，或者有靜脈曲張的美女穿。

Part 2 映襯膚色的絲襪

- 皮膚白晰的美女，以穿膚色和淺棕色的長筒襪最好，因為這樣能給人一種和諧、統一的美感，膚色白的美女也適合穿水果色的絲襪，當然是在腿形足夠細長好看的情況下，但不宜選穿黑色的。
- 皮膚較黑的美女，不宜選穿白色的長筒襪，因為它與膚色的對比度太強烈，會使人產生斷層或者頭重腳輕的視覺感受，進而也就失去了美的感覺。褐色、黑色或藏藍色較為合適。

Part 3 搭配服裝的絲襪

- 絲襪和鞋子的顏色一定要相襯，而且絲襪的顏色應略淺於皮鞋的顏色。
- 大花圖案和不透明的絲襪，適宜配襯平底鞋。
- 身上越是穿得複雜，腿上穿的絲襪就越應當簡單、清爽。

玫瑰建議

如果腿部皮膚有過敏史的女性，應適當選擇質地為棉的或者透氣性好的襪子；挑選長筒襪時，還要注意絲襪在包裝袋內所呈現的顏色，要比穿在腿上時的顏色深。因此，在挑選時要選擇比自己所喜歡的顏色略深一些的。

美麗延伸

絲襪如何防止破洞

● 如果想讓絲襪變得耐穿、不易破，不妨在洗完絲襪之後，將絲襪浸泡在加了醋的溫水裡，幾分鐘之後再將它拿起晾乾，這樣一來，絲襪就變得比較耐穿，不容易脫線，而且醋也有消除臭味的功效喔！

● 新買回的絲襪，先不要拆封，直接放入冰箱中冷凍一、兩天，再取出放置一天後穿用，這樣可以增加絲襪的韌度，不至於很快就發生抽絲或破裂的現象。

● 如果很貴的絲襪破洞後不忍心扔掉，就在洞口塗一圈透明的指甲油，這樣可以防止繼續脫線，如果會針線的話，用同顏色的線從裡面縫上幾針。

後記
每個女孩都是限量版

《當珍珠遇上玫瑰——50種美麗搭配大法》終於完稿，長舒一口氣，看街上路人行色匆匆，然後看著彼此欣慰地笑，因為心照不宣的我們相信，書裡的這些搭配技巧，一定會改變很多女孩的命運，而美麗也不再成為先天的魔咒。

打扮出來是美女的，就是美女。麗質天成固然可愛，後天培養才是王道。對自己的形象負責，悅人悅己，快樂地去生活，才是時尚的真諦。親愛的，妳是個平凡女孩，妳不需要用一櫃子名牌限量版來透支生活。讀懂我們的搭配祕訣，重新來學穿衣戴帽，配飾著色，鮮靈亮麗地站在人群裡，每個女孩都是獨一無二的限量版。

國家圖書館出版品預行編目資料

穿對了！每個女孩都是限量版／珍珠&玫瑰著.
－－第一版－－ 臺北市：老樹創意出版；
紅螞蟻圖書發行， 2011.5
面　　公分－－(生活・美；7）
ISBN 978-986-6297-28-1（平裝）

1.衣飾 2.美容

423　　100006166

生活・美 07

穿對了！每個女孩都是限量版

作　　者／珍珠&玫瑰
美術構成／ Chris' office
校　　對／楊安妮、鍾佳穎
發 行 人／賴秀珍
榮譽總監／張錦基
總 編 輯／何南輝
出　　版／老樹創意出版中心
發　　行／紅螞蟻圖書有限公司
地　　址／台北市內湖區舊宗路二段121巷28號4F
網　　站／ www.e-redant.com
郵撥帳號／1604621-1　紅螞蟻圖書有限公司
電　　話／(02)2795-3656（代表號）
傳　　真／(02)2795-4100
登 記 證／局版北市業字第796號
港澳總經銷／和平圖書有限公司
地　　址／香港柴灣嘉業街12號百樂門大廈17F
電　　話／(852)2804-6687
法律顧問／許晏賓律師
印 刷 廠／鴻運彩色印刷有限公司
出版日期／2011年 5月　第一版第一刷

定價 300 元　港幣 100 元

ISBN 978-986-6297-28-1　　**Printed in Taiwan**